U0056682

無農藥・安心・輕鬆簡單

種樹種菜種花草——放鬆身心的療癒空間。

打造有機自然生態庭園

曳地トシ　曳地義治

瑞昇文化

歡迎來到有機花園！

小小的雜草能夠讓花朵綻放、引來蝴蝶。
只要有一顆樹，小鳥們就會來吃青蟲或果實。
陽光普照、微風吹拂，雨滴滋潤大地。
落葉與廢棄蔬菜最終會回歸大地。
讓悠然度日的植物，以及生活於各種空間的生物們，
能夠一起生活的場所——那就是有機花園。

在我們的生活中，各種技術日新月異，變得愈來愈方便。然而，當這個世界愈是便利，資訊化生活佔據了我們愈多時間，我們就會發現，自己已在不知不覺中遠離了自然。在這種時候，只要跨出房門一步，該處就有一個名為「庭院」的自然環境在等著我們。

藉由將庭院有機化，庭院就會成為，一個能讓我們的身心恢復平衡的場所。與激烈運動不同，透過整理庭院，能夠溫和地活動身體。另外，在面對大自然的過程中，也能學著接受不如意的事情，平靜地等待季節到來。而且，偶爾也會學習到「下定決心」與「想像未來」的重要性。同時，藉由了解以往不認識的昆蟲與植物世界，也能讓我們察覺到生命之間的奇妙關聯。

以往令人感到棘手的雜草與昆蟲，其實蘊藏著許多訊息，還能夠告訴我們庭院的狀態。只要了解後，肯定就能與以往不同的角度來看待自然吧！看到「任何生物的存在都是有意義的，一切都會被有效利用」後，應該會感到放鬆。即使是位於生態系統頂點的生物，應該也能感受到，自己是無法獨自生存的，各種生物的作用之間，有著宛如網眼般的複雜關聯。

透過基因來追溯這個地球上所有生物的祖先，會發現原本只有一個生命體。在這之前與之後，其他系統的生命痕跡都沒有被發現。也就是說，僅此一次的生命誕生是個奇蹟，包含細菌、植物、動物在內，這個地球上的所有生命都共享著這個奇蹟。

為了打造出讓生物們一起生存的場所「生生不息的庭院」，於是我們透過插圖與照片，以簡單易懂的方式，匯集成一本書。請大家務必要一邊拿著本書，一邊輕鬆地打造有機花園。只需要稍微改變觀點，肯定會有新發現吧！

曳地花園服務　曳地トシ・曳地義治

目次

歡迎來到有機花園！……2

Part 1
有機花園的基礎知識

有機花園的四季……8
何謂有機花園？……10
有機花園的生態系統……12
有機花園與生態系統的平衡……14
加上「昆蟲力」吧！……16
加上「雜草力」吧！……20
從今天開始打造有機花園吧！……24

Column 1
庭院整理工作的禮節——
先跟鄰居打聲招呼……26

Part 2
有機花園報告

能夠呈現各種生態循環的庭院……28
純樸風格與寬敞空間的農家庭院……38
方便進出且感到平靜的療癒系庭院……42
充分利用小空間，享受菜園樂趣的庭院……48
廣場風格的聚會型庭院……52
能讓孩子們玩得滿身是泥的庭院……58
利用木製籬笆保護隱私的庭院……62
宛如祕密花園般，不會被別人看見的庭院……66
兼具無障礙設計與生態循環的庭院……70

Column 2
何謂小型生態屋？……74

Part 3

有機花園的植物應對方式

樹木與花草的知識 1　樹木與花草……76

樹木與花草的知識 2　落葉樹與常綠樹……77

樹木與花草的知識 3　一年生與多年生植物……78

樹木與花草的知識 4　耐陰性……79

樹木圖鑑

喬木・小喬木……80

灌木……83

攀緣植物……86

花草圖鑑

一年生植物……88

多年生植物……90

Column 3

吸引鳥類的庭院……94

Part 4

雜草與昆蟲的欣賞法與對策

雜草圖鑑

匍匐型雜草……96

細長葉／圓葉雜草……98

攀緣性雜草……100

其他類型……101

昆蟲圖鑑

瓢蟲……104

蝴蝶／蜜蜂……105

螞蟻・白蟻／蝸牛・蛞蝓……106

蛾／介殼蟲／其他……107

Part 5

有機花園的打造方式

有機花園的參與方式 …… 112
基本工具 …… 114
培養土壤 …… 118
栽種植物 …… 120
修剪的基本知識 …… 124
修剪的注意事項 …… 126
大型樹木的修剪 …… 128
小型樹木的修剪 …… 130
造型修剪 …… 132
利用堆肥箱來製作堆肥 …… 134
植物的管理 …… 138
病蟲害對策 …… 140
雨水的運用 …… 144
思考庭院的設計 …… 146

用來裝飾庭院的便利物件 …… 152
花園用語集 …… 156

Part

1

有機花園的基礎知識

在開始打造有機花園前，
先來介紹何謂有機花園。

Basis 1

有機花園的四季

有機花園給人的印象會隨著季節而改變，而且也有昆蟲與動物等各種訪客。試著來窺探其樣貌吧！

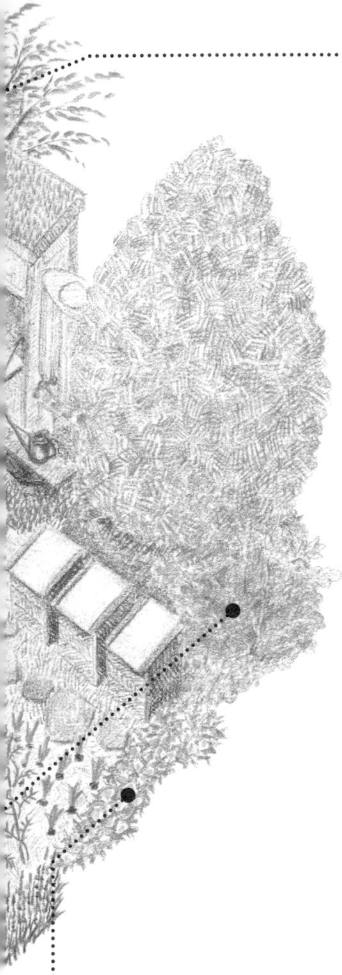

春

盼望已久的春天來臨了。
雜草與生物都開始活動。

來到鳥巢箱上的日本山雀，會將築巢材料運送過來，開始辛勤地工作。

苜蓿（三葉草）很快就會長出新芽，可愛的葉子也能用來防止其他雜草生長。

夏

雖然夏季的陽光非常強烈，
但庭院盛開的花朵能夠療癒心靈。

各種花卉爭奇鬥艷，夏季的花圃很熱鬧。

百日菊的生動活潑色調，與盛夏的藍天很搭。

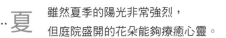

冬

樹木與昆蟲都冬眠了，
庭院被寂靜籠罩。

昌化鵝耳櫪的葉子全掉光了。家裡會變得明亮。

在冬季修剪樹枝，做好迎接春季的準備。

秋

夏季的喧囂氣氛轉淡了，
庭院逐漸恢復平靜。

昌化鵝耳櫪的葉子也變黃了，開始準備要落葉。

在夏季，能夠收成許多藍莓果實，其葉子會呈現鮮紅色。

Basis 2

何謂有機花園？

有機花園指的是什麼樣的庭院呢？
在打造有機花園時，3個重點是什麼呢？

接受「就算庭院裡有昆蟲也無妨」的想法

一說到有機花園，也許有人會誤以為是「不使用農藥來驅蟲的庭院」。然而，庭院是人工打造的場所，目的是為了就近享受自然的樂趣。由於大自然原本就是昆蟲與鳥兒等生物的寶庫，所以在連昆蟲也沒有的庭院內，是無法感受到大自然的氣息的。有機花園指的不僅是不使用農藥與化學肥料，同時也是指，要接受就算庭院裡，有昆蟲也無妨的想法。

在這種情況下，重點在於「具備多樣性、生態系統會循環、具備地區特性」這3點。

如果只在花圃內種植1種花的話，看起來也許相當整齊美麗。不過，一旦病蟲害侵襲該處，所有花朵都會受害。具備多樣性的花園能夠引來各種生物，這些生物會成為害蟲的天敵，能夠防止某種病蟲害爆發性地增長。

循環指的是，確實回歸大地。藉由讓生物被分解，最終形成無機物，就能使其再次被植物吸收，讓生態系統持續進行循環。

最後一點是，具備地區特性。近年來，都會有人將國外的新品種花苗帶進國內。然而，在不同的環境氣候下，也會出現不適應環境的品種。這類品種容易發生病蟲害。另外，也必須注意國內各地的氣候。在栽種植物時，必須思考該地區是否適合該植物。

打造有機花園的訣竅在於，讓庭院變得方便使用，就算每天只花5分鐘來欣賞庭院也好。而且，只要適度地整理，稍微懶散一點也無妨。不管是植物稍微被昆蟲吃了，還是雜草稍微長了出來，只要藉由將庭院有機化，你的庭院就會成為，會綻放生命光輝的庭院。

[有機花園的特徵]

各種生物共存，就像一塊塊拼圖，即使只缺少一塊，平衡也會遭到破壞。

1 多樣性

各種生物的生命之間具備有機性關聯，宛如像是在編織一張宏偉的絆織壁毯。

2 生態系統的循環

生物被微生物適當地分解成無機物，經過各種回收與再利用後，就能恢復原本型態。

即使是在庭院內，透過「留下種子、堆肥箱、雨水桶、野炊爐具」等方法，也能欣賞到各種循環。

3 地區特性

適合該區域的生物。只要生態系統能夠維持穩定，生物數量就不會出現爆發性的增長情形。如果某種生物一口氣大幅增加，就可能會破壞生態系統的平衡。

以日本為例，關於被視為「特定外來生物」的劍葉金雞菊，栽種、搬運、販賣、野外放生等事項都是被禁止的。

Basis 3

有機花園的生態系統

何謂生態系統？其平衡何時會崩潰？另外，也會解說有機花園中的生態系統。

[生態系統的構造]

生物之所以能存在，是因為彼此之間具備各種直接、間接的關聯。絕非單純的「弱肉強食」，位於頂點的生物若想要生存的話，也必須仰賴下層的生物。

高階消費者

指的是位於生態系統頂點的猛禽類與狐狸等。近年來，許多生物的數量都在逐漸減少中。

消費者

包含直接吃植物來攝取養分（有機物）的昆蟲，以及藉由捕食昆蟲來間接攝取植物養分的生物。

分解者

包含能夠將有機物分解成細微物質的蚯蚓等，以及最後能將細微的有機物化為無機物的細菌。

生產者

只有植物可以擔任生產者。植物能夠透過無機物來製造有機物。植物是所有生物的糧食。

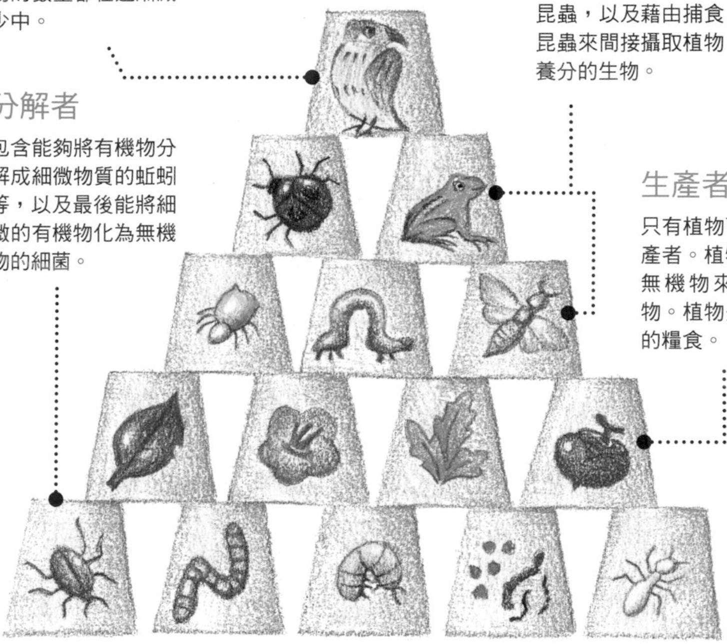

透過一棵樹來創造生態系統

只要庭院內有一棵樹，生態系統就會開始形成。有種樹的地方就會出現蚜蟲，接著會出現前來吃蚜蟲的異色瓢蟲，以及會捕食異色瓢蟲的鳥類。

生態系統指的是，生物之間有著捕食與被捕食的關係，生物的糞便與屍體會使土壤變得肥沃，然後被分解、回歸大地，自然界的平衡是透過生物的各種行動來維持的。如此一來，自然環境就會持續地進化，變得更加豐富。能夠透過庭院來跨出這一步，正是有機花園的樂趣。

[生態系統崩潰的原因]

當自然環境因人為開發而遭到破壞時，位於愈上層的大型動物，愈容易遭受損害。

A

將森林的一隅開發成住宅用地的情況

當森林的面積因為開發而減少時，生態系統就會縮小一號，最初消失的會是猛禽類與狐狸等高階消費者。

B

在森林正中央鋪設道路的情況

當森林的底面積被一分為二時，生態系統也會被分成 2 個較小型的生態系統，許多種消費者會消失。

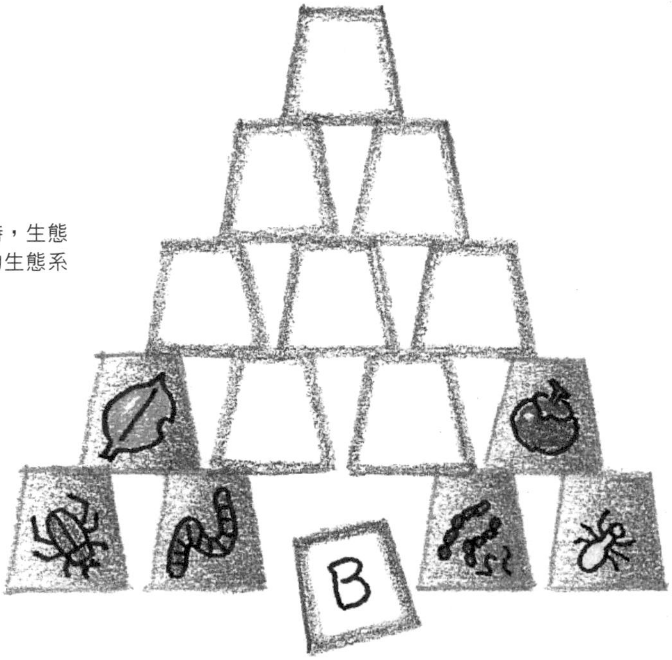

Basis 4

有機花園與生態系統的平衡

來學習關於「生態系統的循環」的知識吧！另外，也來了解何謂「有機花園中的生態系統平衡」。

生態系統能維持平衡，要歸功於昆蟲。

以有機的方式來管理庭院後，經過一段時間，只要情況變得穩定，即使發生病蟲害，受損情況也不會太嚴重。這是因為，即使發生病蟲害，庭院內也會出現許多能夠消滅細菌的昆蟲，以及會捕食青蟲或毛蟲的天敵。我們也可以說，庭院的生態系統已經取得平衡了吧。

不使用農藥與化學肥料後，最初會發生「反作用」，導致病蟲害一口氣增加。大家必須要很有耐心、堅持下去，透過修剪方式與培養土壤，讓樹木逐漸地恢復健康。尤其是，介殼蟲與蚜蟲不會在森林中爆發性地增加，而是大多會出現在，種植於街道旁的花盆等處的植物中。當某個環境的平衡遭到破壞時，首先就會出現蚜蟲與介殼蟲，這些昆蟲也可以說是想要讓該處的自然環境，恢復原狀的象徵。也就是說，這些會告訴我們「生態系統的平衡已遭到破壞」的昆蟲，也可以稱作環境指標生物。

被種植在合適環境的植物，以及經過適當管理的植物，都不易產生病蟲害。不管再怎麼想要栽種、培育，只要該植物不適合這個環境，就會枯萎。由於庭院的環境並不單純，所以請試著將同樣的植物種在三個不同的場所。如果這樣做後，植物還是枯萎的話，就代表該植物不適合自己的庭院，必須放棄。就算結果不理想，無法種植想要培育的植物，該庭院還是必定有適合栽種的植物，所以希望大家不要放棄。

當庭院的環境取得平衡時，肯定能夠找到適合該庭院的植物。絕對不要勉強地追求流行，我們認為，庭院內有種什麼植物，就欣賞什麼植物，也是享受庭院樂趣的方法之一。

[生態系統的循環圈]

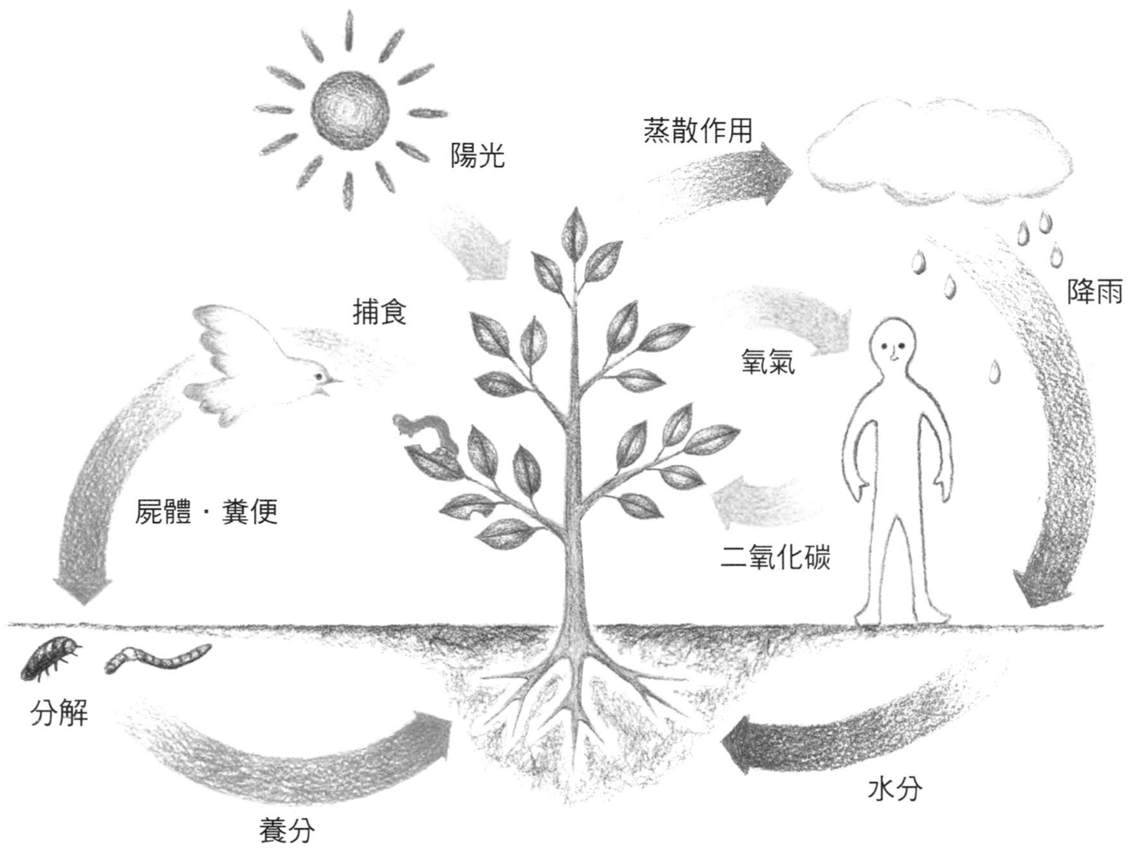

從植物接收各種物質，然後進行循環。

現在就來說明，生態系統的循環圈吧！

從小小的雜草到碩大的樹木，各種植物都會透過葉子或樹幹來接收陽光，從根部攝取水分與養分，進行光合作用，藉由二氧化碳來製造氧氣。動物們會直接或間接地接收植物的養分，等到有一天死去後，屍體會被微生物分解，再次形成植物的養分。

以人類為首的所有動物，都會吸入在此循環中所製造出來的氧氣，呼氣時，氣體會再次形成二氧化碳，持續地被植物利用。

我們能夠了解到，生物彼此之間會像這樣地一邊接收各種物質進行循環，一邊共存。

Basis 5

加上「昆蟲力」吧！

那些來到有機花園內的昆蟲絕非害蟲。讓我們來認識昆蟲，並使其成為夥伴吧。

不是「疾病」、「害蟲」，而是「病蟲害」。

人們之所以會想要使用農藥，大多都和「因為討厭昆蟲」這個理由有關。居家修繕中心的園藝專區甚至有販售「惱人害蟲」專用的殺蟲劑。「惱人害蟲」並沒有明確的定義，總之，這類昆蟲因為「外表很噁心」，所以就被如此稱呼。

然而，在談論「噁心、討厭」之前，大家是否有調查過該昆蟲的名字與生態呢？

話說回來，我認為昆蟲並不會想要危害或取悅人類。依照昆蟲的生態，昆蟲只會去吃能用來維持生命的適當食物。人類按照自己的情況，將會吃重要植物的昆蟲稱為「害蟲」，會吃「害蟲」的昆蟲則被稱為「益蟲」。這種稱呼全都是人類依照其價值觀來定義的。「病害蟲」這個表達方式也一樣，由於意思是疾病與害蟲，所以我硬是要將其稱作「病蟲害」。因為我認為「害蟲」是絕對不存在的。

雖然在自然界中並沒有「害蟲」的概念，但是存在著「天敵」的概念。處於捕食立場的生物，全都叫做「天敵」。

在被人類稱為「益蟲」的昆蟲當中，也有許多外表很怪異的昆蟲。只要事先仔細地調查平時出現在庭院內的昆蟲，了解到「該昆蟲會吃什麼」、「何時繁殖」、「從蟲卵到成蟲的外表變化」等事項，就不會感到不安。而且，最重要的是，庭院會看起來更光彩奪目。

無論是多麼微小的昆蟲，其體內都塞滿了36億年的進化歷史。逐漸進化過程中，各種生物變成目前的形狀、顏色、大小，都有其存在的必然性。只要仔細地觀察自己的小庭院，肯定會對「庭院內棲息著如此多樣的生物」感到驚訝。

[昆蟲與其他生物的關聯性]

從人類觀點所看到的關聯性

庭院內所種植的樹木，是人類花費金錢與勞力所培育而成的。如果該樹木遭到昆蟲啃蝕，人類就會將該昆蟲稱為「害蟲」，並想要將其消滅。相對地，會捕食該害蟲的昆蟲，則叫做「益蟲」。然而，昆蟲們並不會想要危害或幫助人類。

黑緣紅瓢蟲的幼蟲與成蟲都會吃介殼蟲。

褐圓介殼蟲會附著在梅樹上吸取樹汁，使樹木變得衰弱。

從生物觀點所看到的關聯性

昆蟲只是在攝取用來維持生命的食物，所以在自然界中並沒有「害蟲」與「益蟲」。相較之下，在食物鏈中，從「因為遭到捕食或寄生而喪命的生物」的觀點來看，會殺害其他生物的生物，稱為「天敵」。所有生物都有天敵。

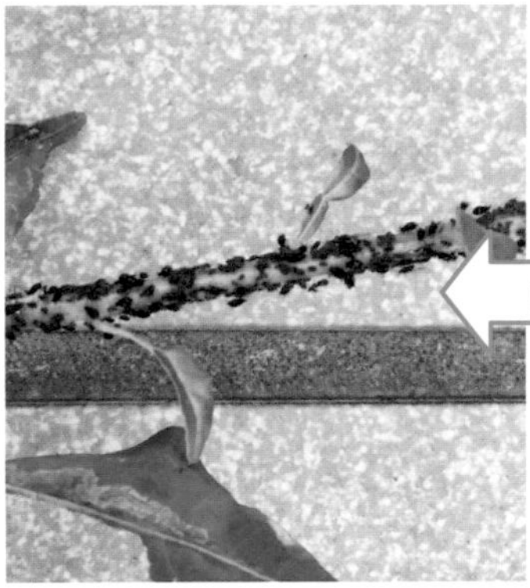

蚜蟲會侵襲香橙樹。

螞蟻與蚜蟲建立共生關係。螞蟻會從蚜蟲身上獲取甘露，並擔任蚜蟲的護衛。

日本山雀與赤腹山雀會吃很多青蟲和毛蟲。

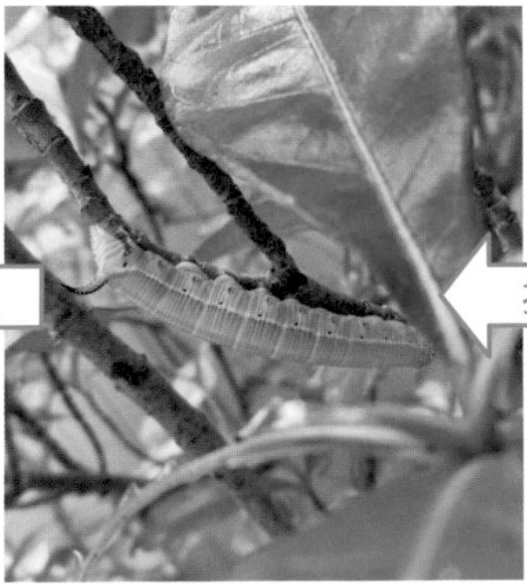

大透翅天蛾幼蟲。

大透翅天蛾最愛的食物是梔子葉。

[瓢蟲的形態變化]

完全變態

幼蟲期與成蟲期之間還有一個蛹期，而且幼蟲與成蟲長得完全不同的昆蟲，就叫做「完全變態」。蜜蜂、瓢蟲、甲蟲、草蛉、蝴蝶、蛾都屬於完全變態的昆蟲。

成蟲的壽命約為 2 個月。每天會吃幾百隻蚜蟲。

經過 3 次脫皮後，變成終齡幼蟲。一天會吃 100 隻以上的蚜蟲。

出生後會吃蟲卵的殼，偶爾會有同類相殘的情況出現，較強的個體會殘存下來。

[螳螂的形態變化]

不完全變態

不完全變態的昆蟲是指，出生後的幼蟲的外表與成蟲大致相同，幼蟲期與成蟲期之間並沒有蛹期。螳螂、蝗蟲類、椿象等昆蟲都屬於不完全變態的昆蟲。

只要是會動的東西都吃，但不擅長吃太小的蟲。

約有 200 隻幼蟲，會從卵中誕生。

宛如硬泡沫的卵殼。

會成蛹的昆蟲與不會成蛹的昆蟲

昆蟲出生後，直到變為成蟲為止，可以分成2種系統。一種是，從幼蟲發育為成蟲的過程中，會經過蛹期的「完全變態」。代表性的昆蟲為瓢蟲等。另一種則是「不完全變態」，這類昆蟲沒有蛹期，剛出生的幼蟲，就已經呈現與成蟲相同的樣貌。代表性的昆蟲為螳螂等。

特別要提的是「完全變態」的昆蟲，由於其幼蟲與成蟲的外表完全不同，所以有的人會以為其幼蟲是「害蟲」。我曾聽說過，由於瓢蟲幼蟲的樣子很怪異，所以有人誤以為那是「害蟲」，結果就噴灑了殺蟲劑。在圖鑑等書籍中，大多也只會刊載成蟲的模樣。讓我們先來記住代表性的昆蟲的幼蟲模樣吧！

[觀察重點]

蔬菜
蔬菜的葉子上會出現蚜蟲、紋白蝶的幼蟲、甘藍夜蛾等。

出現糞便的場所
山茶花上出現了茶毒蛾的糞便。位於更上方的葉子的背面，很有可能就會有茶毒蛾幼蟲。

植物的生長點
蚜蟲位於山茶花的生長點。

花草
螞蟻會和木茼蒿上的蚜蟲共生。

遭到啃蝕的葉子背面
遭到啃蝕的梔子。葉子背面很有可能會出現大透翅天蛾的幼蟲。

葉子背面
蚜蟲喜愛嫩葉。正面看起來很漂亮，只要翻到背面，經常會發現蚜蟲。

其他
被潛葉蠅侵襲的常春藤葉子。潛葉蠅也被稱作「畫圖蟲」。

樹籬
生長茂密的山茶花樹籬容易出現茶毒蛾。請進行修剪，讓樹枝變少。

樹木根部
當木屑堆積在根部時，天牛的幼蟲就會鑽進裡面。

Basis 6

加上「雜草力」吧！

在有機花園內，雜草的作用是什麼？
本章節介紹有助於提昇「雜草力」的觀察重點。

雜草能夠用來顯示土壤狀態

雖然雜草令人覺得很礙眼，但事實上，對於這片土地來說，生長在庭院內的雜草，大多都是必要的。

如果是酸性土壤的話，只要種植問荊（杉菜），就能儲存鈣質，當問荊枯萎後，就能供應鈣質給土壤，中和土壤的酸性；救荒野豌豆，能夠與根瘤菌一起將空氣中的氮固定在土壤中；蒲公英則能透過其根部，把堅硬的土壤翻鬆；魚腥草的生長場所是濕氣重、日照不佳，而且不太能夠行走的場所。

也就是說，雜草也具備讓「看不見的土壤狀態」可視化的作用。因此，藉由觀察該處長了何種雜草，就能在某種程度上了解該處的土壤狀態。

想要提昇「雜草力」的話，就要觀察。只要持續地觀察庭院內的雜草一整年，應該會發現「雜草的陣容逐漸在改變」吧！某種雜草完成其任務後，就會被其他種類的雜草取代。提昇雜草力的第一步，就是先了解「何處有較多什麼樣的雜草」這項事實。

另外，如果想以自然的方式來整理庭院，讓雜草不會顯得難看的話，我們建議大家在5月上旬對雜草進行修剪，讓雜草頂部距離根部只有5公分。許多人會等到雜草叢生後，才匆忙地除草或割草，不過那樣就太遲了。事先在雜草一口氣長高時進行第一次除草，就能大幅抑制雜草之後的快速生長。另外，不能只除一次草就放心，之後還要以每兩週除一次草的頻率來進行除草，這樣就能維持地毯狀的雜草，也省去了將雜草連根拔起的工夫。最近，市面上也有許多種充電式無線割草機。在無論怎樣都不希望雜草長出來的場所，除一次草後，只要每天在上面走動，將該處土壤踩硬即可。

[雜草的種類]

攀緣性雜草
攀緣植物。只要將樹木覆蓋住，該樹木就變得無法進行光合作用，然後就會枯萎。

匍匐型雜草
高度不高，生長在地表附近的雜草。

著地叢葉型雜草
葉子在接地處展開成放射狀的雜草。

細長葉雜草
葉子較細長的雜草。包含了禾本科、莎草科、蓼科等。

其他
葉子從莖部中間長出來的雜草。接地處不會留下葉子的雜草。即使接地處長出葉子，還是會往上長的雜草等。

圓葉雜草
會在接地處長出大型圓葉的雜草。但也包含了葉子不圓，但在草坪中仍非常顯眼的類型。

開發地

博落回：在荒地或空地會最先長出來的先驅植物。白色花朵會隨風搖曳，看起來很美麗。

向陽處

虎杖：生長於日照良好的乾燥場所。如果該處陽光很強烈的話，葉子或莖大部分會變紅。

酸性土壤

問荊：含有大量鈣質，當植物枯萎回歸大地後，就能中和酸性土壤。

陰涼處

牛膝：雖然生長在陰涼處，不太顯眼，但種子很容易附著在貓的身體或人類的衣服上。

鹼性土壤

加拿大一枝黃花：會從莖部分泌出抑制物質，阻止其他植物生長。

潮濕處

魚腥草：生長在潮濕、日照不佳、不適合人走的場所。也被人們當作藥草，可製成魚腥草茶。

[具備特性的植物]

對除草劑有很強的抗藥性

春飛蓬、一年蓬：如果被噴灑太多除草劑，就會對除草劑產生抗藥性。

肥沃的土地

粗毛牛膝菊：喜愛含氮量高的地方，大多生長於堆肥箱旁邊等處。

可食用

魁蒿：氣味很香，可用於草餅（一種日式點心，類似艾草麻糬）、針灸等。對於日本人的生活來說，是不可或缺的植物。

被踩過的地方

車前草：在下過雨的地方等處，種子會附著在鞋底，藉此來持續地進行繁殖。常被當成中藥來使用。

不可食用

刻葉紫堇：整棵草都有毒，一旦誤食，就會產生嘔吐、呼吸困難、心臟麻痺等症狀。

堅硬的土地

蒲公英：生長於土壤堅硬的地方，其根部會像牛蒡那樣，深入地下將土壤翻鬆。

Basis 7

從今天開始打造有機花園吧！

在本章節中會介紹，在開始打造有機花園時的注意事項，及要如何享受有機花園的樂趣。

透過有機花園來打造出讓人休憩的庭院！

親近土地、接觸植物、聆聽小鳥的聲音、欣賞蝴蝶——。對於每天都過著忙碌生活的我們來說，庭院會成為一個休憩場所，能讓人轉換心情，使心情變得平靜。既然如此，果然還是需要透過有機花園，享受庭院的樂趣。

在一開始打造有機花園的重點在於，要讓庭院變得方便使用。如果進出庭院不方便、很麻煩的話，庭院就會持續不斷地荒蕪。庭院一旦荒蕪，就會變得愈來愈不想走進庭院。如果不進入庭院，雜草就會進一步地叢生。為了擺脫這種負面連鎖效應，設計一個用來連接家中與庭院的中間區域，像是木製露臺，應該是不錯的選擇吧！另外，在庭院內，也不能把小鏟子、竹掃把、不使用的花盆等物堆在一起，這種景象會讓庭院顯得雜亂，所以收納處是必要的。再來只要擺放餐桌與長椅，庭院就能變身為另一個房間。如果庭院內能夠喝茶、看書，會讓人更加想進去。

只要鋪設庭園步道，就能在庭院內享受散步樂趣，而且還能順便觀察雜草的茂密程度，提早發現樹木是否有遭到啃蝕。如果能在庭院內設置一個方便的供水設施，該處會成為庭院的聚焦點，而且澆水也會很方便。再設置雨水桶與堆肥箱，就會成為既實用又能循環利用資源的庭院。

藉由讓庭院變得方便使用，會有很多好處。我們經常聽到「待在庭院內的時間，增加了好幾倍」、「庭院整理工作變得很愉快」、「我們經常在庭院內用餐，即使孩子吃得滿地都是，我也不會感到煩躁」這類意見。另外，

藉由不使用農藥，也有很多好處。我們也曾聽到「有很多鳥會飛來庭院，葉子也變得不會被昆蟲啃蝕」、「孩子與貓狗都能放心地在庭院內遊玩」、「了解到庭院內有各種昆蟲後，就能去感受生態系統」、「植物很健康」等意見。

[透過有機花園來打造出會不斷循環的庭院]

感受生態系統

蜜蜂會幫助花朵授粉，並捕食青蟲等昆蟲。

令人放心的庭院

在不使用農藥與除草劑的庭院內，狗、貓、孩童、有過敏症狀的人，都能很安心。

雨水桶

只要有雨水桶就能澆水，或是清洗庭院用具。立刻就能感受到大自然的循環與恩惠。

堆肥箱

只要有堆肥箱，家中就不會累積廚餘，也很衛生。

Column 1

庭院整理工作的禮節——先跟鄰居打聲招呼

在打造庭院或修剪庭院時，最慢要在前一天，事先和與庭院相鄰的鄰居打聲招呼。這是因為，在打造庭院時，大多會使用重型機械，聲音有時候會很吵。如果要進行修剪的話，種植在邊界的植物的樹枝，或葉子等物會很容易掉落到鄰居家中，所以還是必須打聲招呼。

另外，基於落葉與樹枝突出的考量，喬木與小喬木不太適合種植在邊界附近。樹木一旦長大，落葉就會使鄰居家的雨水槽堵塞，導致日照變差，也可能會破壞鄰居間的情誼。在這種情況下，有的家庭也會選擇在葉子落下前，進行「強修剪」，想辦法減少落葉量。

在庭院栽種計畫的重點在於，不能只優先考慮自己的喜好，而是要仔細地考慮場所，並考慮到對於鄰居的影響，然後再透過修剪，讓植物不要長得太大。

我們看過很多人因為庭院的事情而與鄰居失和。一點點的關懷，也許就是讓鄰居之間能夠和睦相處的訣竅。

獨棟住宅的庭院內的櫸木。在種植大型樹木時，周圍保留了很充裕的空間。

Part

2

有機花園報告

本章節會刊登實例，介紹正在享受有機花園樂趣的人們。希望可以帶給大家很多啓發，幫助大家具體地思考，想要把庭院打造成什麼樣呢？

Garden 1

能夠呈現各種生態循環的庭院

運用木製露臺、供水設施等能讓人享受庭院樂趣的各種器具，與生物產生連結。

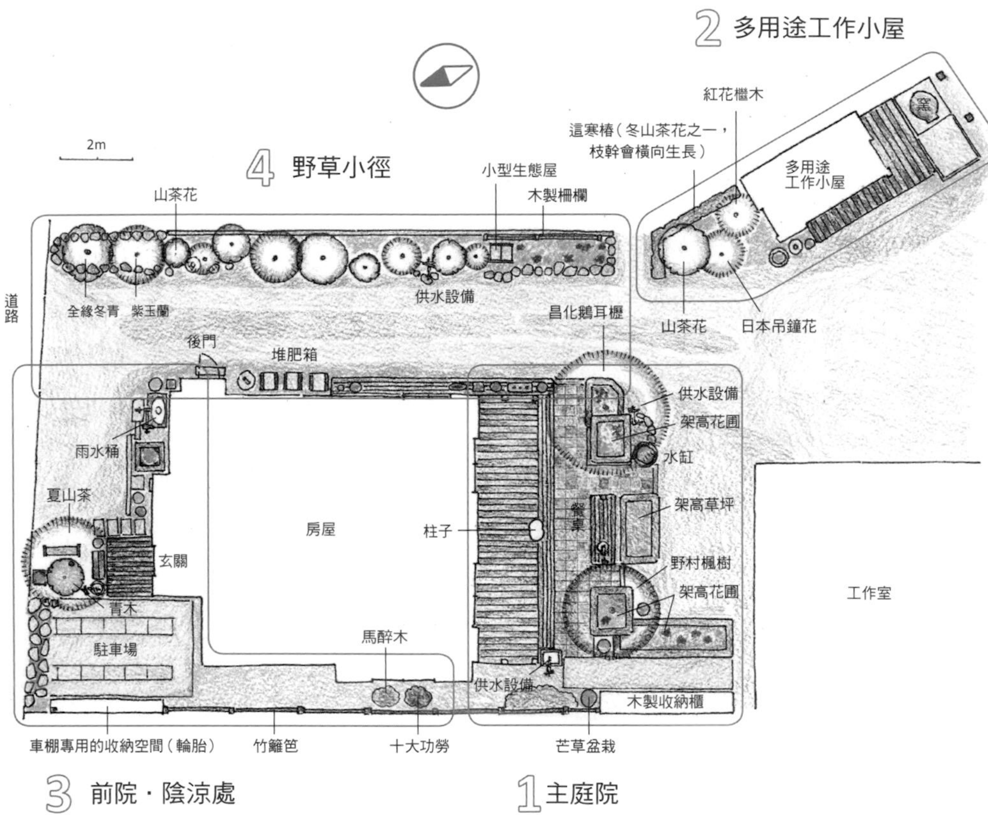

Data

雨音堂
施工年月　2009年10月
庭院年齡　20年
地點　埼玉縣飯能市

Point

○透過雨水桶、廚餘堆肥箱、落葉堆肥箱等來打造小型的生態循環。
○透過鳥巢箱、水缸、鳥的飼料台、小型生態屋等器具來吸引各種生物進入庭院。

能夠描繪生物之間關聯的場所

庭院不只是用來種植「能讓花開得很漂亮的植物」，同時也是個能夠描繪雜草、昆蟲、爬蟲類、鳥類等各種生物之間關聯的場所。因此，我希望人們也能享受這種樂趣。透過這種想法而打造出來的就是「呈現生態循環的庭院」。

這裡充滿了各種用來享受庭院樂趣的器具。庭院內除了植物以外，也同時配置了「連接家中與庭院，且被當成中間區域的木製露臺」、「打造群落生境，使生態系統變得豐富的器具」、「形成小型循環的廚餘堆肥箱和雨水桶」、「欣賞庭院的餐桌與椅子」等。既方便又帶有樂趣的庭院，最後也會成為抗災性很強的「生存型花園」。

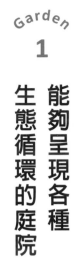

能夠呈現各種生態循環的庭院

木製露臺能夠讓人很輕易地從家中通往庭院。在南側種植落葉樹，就能在夏天打造出陰涼處，並確保冬天的日照。

1 主庭院

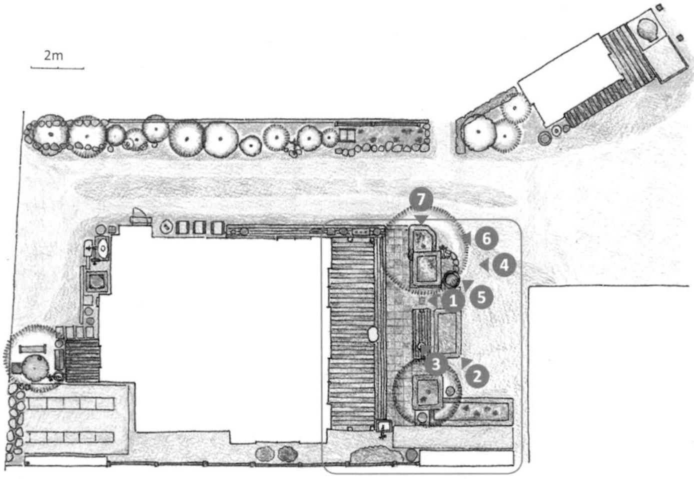

❶ 大葉醉魚草的花

蝴蝶與蛾會前來吸取花蜜。盯上這些昆蟲的螳螂也會出現，讓葉子不容易遭到昆蟲啃蝕。在日本的關東地區，從 7 月到 10 月，草枝前端會逐漸開花。

❸ 餐桌兼供水設備

做工很堅固的餐桌也能用來吃飯、喝茶，或是進行園藝工作，而且就能立刻清洗雙手、餐具及庭院器具。

❷ 架高花圃上的草坪

面積約 0.5 坪的花圃草坪，除草與修剪草坪都很簡單，而且可以坐著，或是躺在上面。

冬

秋

夏

❹ 透過落葉樹來調整陽光

只要在南側種植落葉樹，夏天就可以在此乘涼；秋天可以欣賞紅葉與黃葉；到了冬天，落葉後，陽光就會照射進來。

❺ 在水缸中放入青鱂

水缸會成為鳥類與昆蟲的飲水處。事先放入青鱂與金魚，魚就會捕食孑孓。

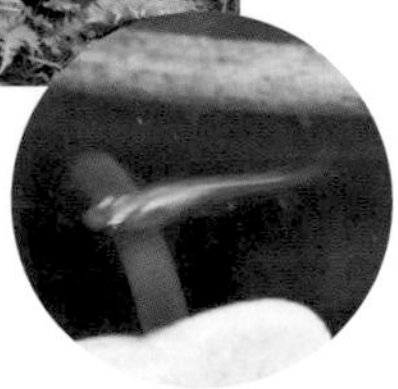

❼ 在陰涼處也會生長的植物

在樹蔭下，可以種植喜愛半陰處（一天只會照到 3 ～ 4 小時陽光，或只會照到葉隙光的場所）的玉簪等林下植物類，又或是在陰涼處也能開花的花草。

❻ 日本山雀

只要事先將鳥巢箱裝設在昌化鵝耳櫪上，日本山雀每年就會在此處築巢 1 ～ 2 次。

1 主庭院

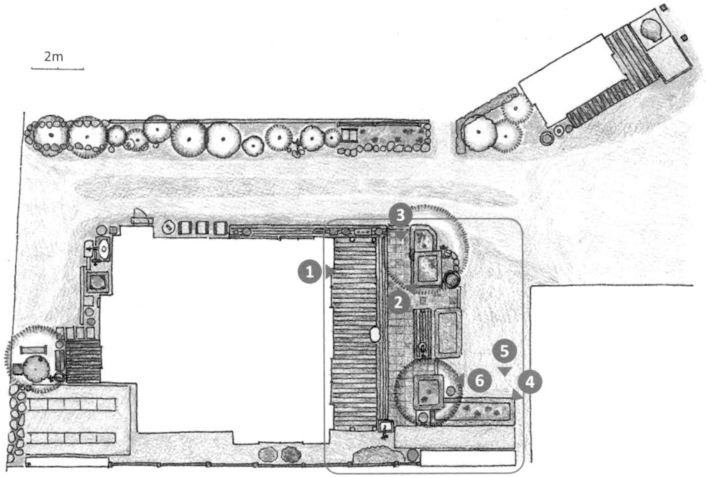

❶ 從房間眺望庭院

從房間內也能清楚地看到種在 70 cm高的架高花圃上的花。將後山的景色當成借景。

❷ 架高花圃上的草木

在架高花圃上種植常綠植物，只要一部分種植一年生植物，一年四季就都能欣賞到美景。

❸ 減少雜草的生長空間

透過平板磚來連接木製露臺與庭院，就能減少雜草的生長空間。

④ 架高花圃與雜草

西側所種植的草木位於 40 cm高的架高花圃上。周圍的地面都是雜草，形成了綠色的地毯。

⑤ 木製收納櫃

為了不使庭院變得雜亂，所以設置了木製收納櫃，也很便利。可以取代與鄰居之間的柵欄。

⑥ 野村楓樹

擔任象徵樹的野村楓樹。不只栽種綠色植物，也種植一些紅葉植物，就能為庭院增添變化。

2 多用途工作小屋

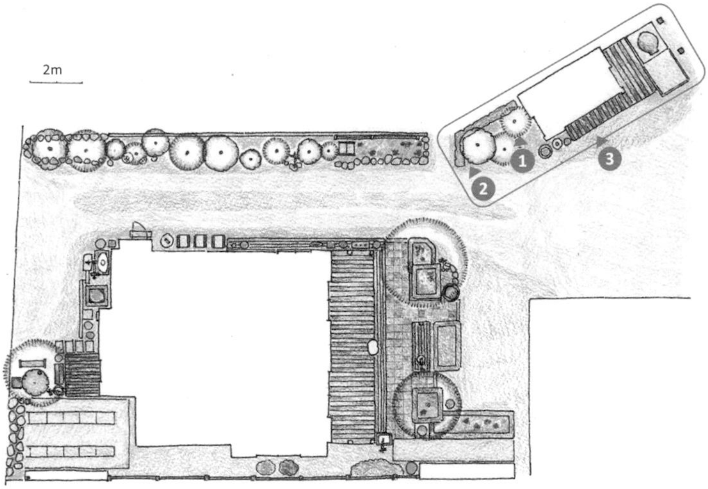

❶ 透過盆栽來防止植物擴大生長範圍

不要將繁殖能力很強的植物種植在地面，而是種植在盆栽內，並事先在底部鋪設平板，以避免植物根部從盆栽底部跑出來。

❷ 冬季將野鳥引進庭院

只有在冬季時，在餵鳥器上放置飼料。裝設屋頂，以避免烏鴉等靠近，這樣綠繡眼等鳥類就會飛過來。

❸ 多用途工作小屋

多用途工作小屋也能成為茶室或冥想室。右側的窯可以用來烤披薩與麵包。

3 前院・陰涼處

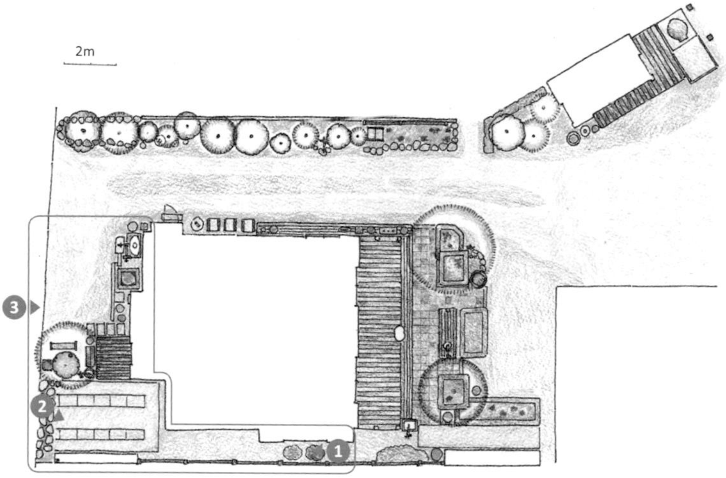

1 竹籬笆

將竹籬笆嵌入木框內所製成的圍欄。腳下則種植在陰涼處也會生長的植物。

2 依目的設置收納空間

在車棚專用的收納空間內，為了配合冬季輪胎的尺寸，所以櫃子的縱深製作得較淺。也能用來取代柵欄。

3 在玄關旁種植草木

玄關旁的停車場可以不被雨淋濕地進出，並採用夏山茶來當作象徵樹，根部則種植葉子帶有斑點的青木。

4 野草小徑

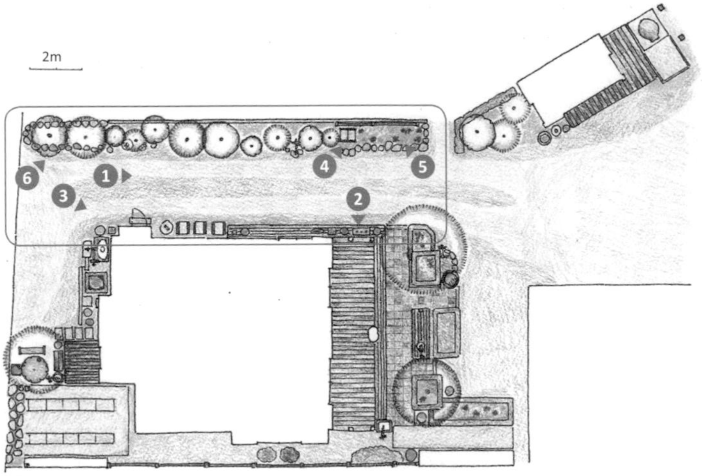

1 利用苜蓿

由於苜蓿（三葉草）會簇生，所以不易生長其他雜草，又很美觀。而且因為是豆科植物，所以會將氮固定在土壤中。

2 能夠自由移動的盆栽

盆栽植物的優點在於能夠移動。不要忘記澆水。種植藍莓樹的話，就能欣賞到紅葉。

春

秋

3 車痕也能成為庭院景色

卡車每天出入的地方會留下車輪痕跡，而且不會長出雜草。在廚房後門的附近設置堆肥箱。

❹ 小型生態屋

小型生態屋能夠積極地製造出各種生物的棲息地。在下方擺放石頭或陶管，吸引爬蟲類等。

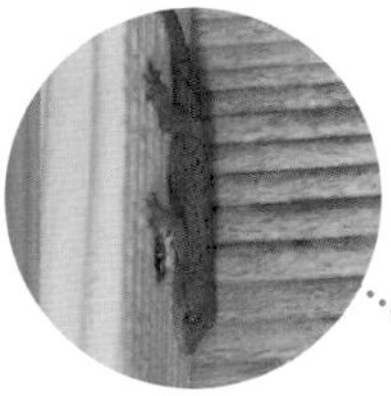

壁虎

❺ 種植有立體感的草木

使用天然石材來當作花圃的邊飾。越往裡面，所種植的植物高度會逐漸變高，藉此來呈現立體感。

❻ 落葉樹與常綠樹

只要在東側交替種植落葉樹與常綠樹，就能增添變化，而且也能發揮樹籬般的作用。

Garden 2

純樸風格與寬敞空間的農家庭院

建地面積很寬敞的農家庭院。在日常生活的延長線上，打造出發揮了其純樸風格的庭院。

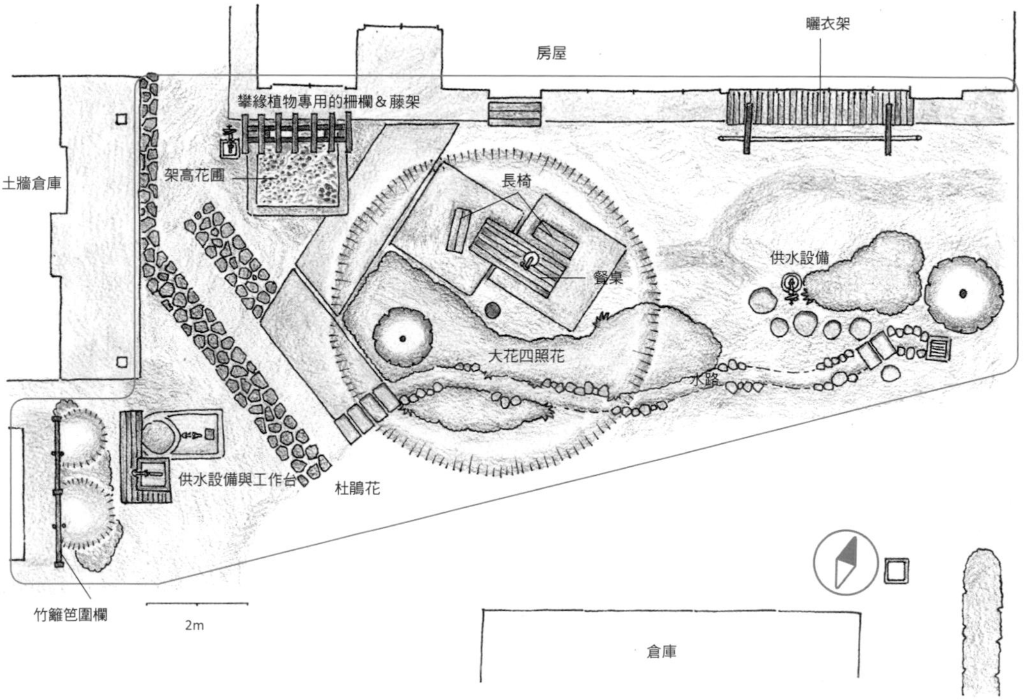

Data

柏俣邸
施工年月　2010年3月
庭院年齡　40 年
地點　埼玉縣坂戶市

Point

○充分地活用雨水，改善排水性。
○將餐桌與長椅設置在高大的大花四照花底下。

讓人想要在象徵樹底下愉快地喝茶

這戶人家原本是農家，其建地非常寬敞。在此地區，像這樣的庭院應該還有相當多吧。不過，正是因為很寬敞，所以庭院的管理工作也相當辛苦。

此庭院內有個大倉庫，為了利用屋頂所收集到的雨水，設置室外水栓，以及想要在擔任象徵樹的大花四照花樹底下，愉快地喝茶，所以進行了翻修。另外，也解決了「只要一下雨，通道區域就會變得泥濘」的情況，並在室外廁所與玄關旁邊設置了圍牆，而且也打造了一個不用穿鞋子就能曬衣服的空間。盡量地保留了農家庭院的純樸風格，讓人能夠在日常生活的延伸到上欣賞寬敞的庭院。

在高大的大花四照花底下設置餐桌與長椅，讓人可以在樹蔭下用餐、喝茶。到了冬天，葉子掉落後，這裡就會成為向陽處。

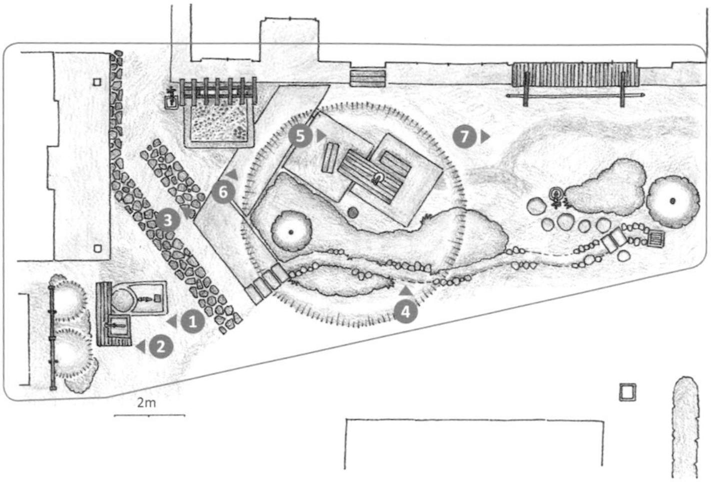

❶ 菜園區的工作台

將工作台與供水設施組合起來，在菜園區打造出用來清洗帶土蔬菜與工具的工作台。

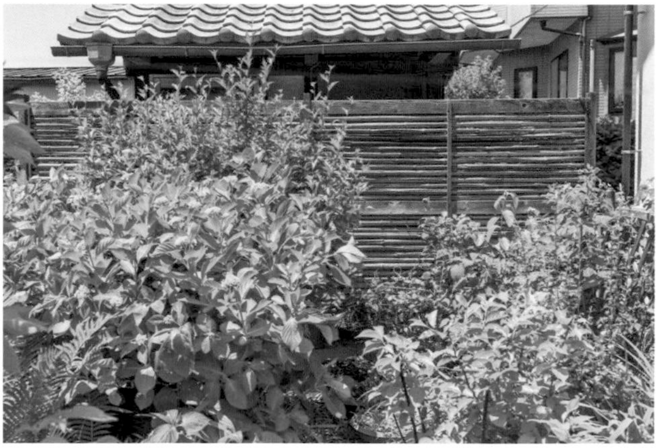

❷ 雅致的竹籬笆

將竹籬笆當作室外廁所的圍牆。在其前方種植木槿、繡球花、黑莓樹與玫瑰。

❸ 能夠防止雜草生長的通道

在鋪設通道時，要避免雜草生長，並讓通道延伸到玄關。即使在雨天也很好行走。

❹ 有簷廊的景色

在主庭院內，象徵樹是大花四照花。從簷廊可以眺望寬敞的庭院。

❺ 樹蔭下的餐桌

樹蔭下的餐桌，可以用來喝茶、吃午餐、看書，也能將採收好的作物進行分類。

❻ 用來遮蔽視線的柵欄

玄關旁的架高花圃能用來愉快地迎接訪客。藉由設置柵欄，能遮蔽看向窗戶的視線。

❼ 符合庭院氣氛的曬衣架

在與簷廊相連的木製露臺上，設置木製的曬衣架。將能夠利用雨水的水栓裝設在庭院中央。

Garden 3

方便進出且感到平靜的療癒系庭院

其特徵為，透過與房屋相連的木製露臺與架高花圃，讓人立刻就能走進療癒人心的庭院。

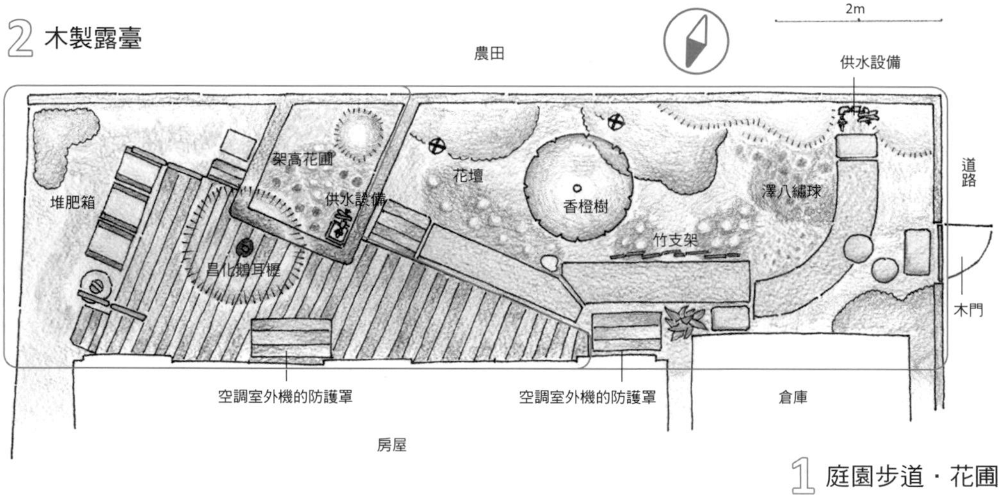

Data

宇田川邸
施工年月　2010年10月
庭院年齡　10 年
地點　埼玉縣所澤市

Point

○木製露臺中種植主樹種落葉樹，並在木製露臺與水泥磚牆之間設置架高花圃。
○在空調室外機上加裝可拆卸的堅固防護罩，既可當作長椅，也可當作餐桌。

輕鬆地轉換心情！能讓人放鬆的庭院。

打造這座庭院的目的，是為了讓正在照顧高齡父母的人，能夠擁有少許放鬆心情的時間。

建地呈現橫向的狹長形，為了讓人可以立刻從家中走到庭院，所以製作了木製露臺，並在此處種植了象徵樹。透過架高花圃來讓花圃與木製露臺相連，空調室外機的防護罩也能當成長椅來使用。也鋪設了庭園步道，步道以外剩餘的部分用來當作花圃，讓人能將花草種植在地面。

只要一打開木製的門，帶有白色、紫色這些優雅色調的花朵，就會把人引向木製露臺。庭院就是這麼一個能夠輕鬆轉換心情的場所。

方便進出且感到平靜的療癒系庭院

庭園步道會從木製露臺延伸到通往外面的木門，可以一邊走一邊欣賞花圃的花。

1 庭園步道・花圃

❶ 連接庭院與外部的木門

在面向道路的出入口裝設簡約的木門，柔和地將庭院與外部區隔開來。

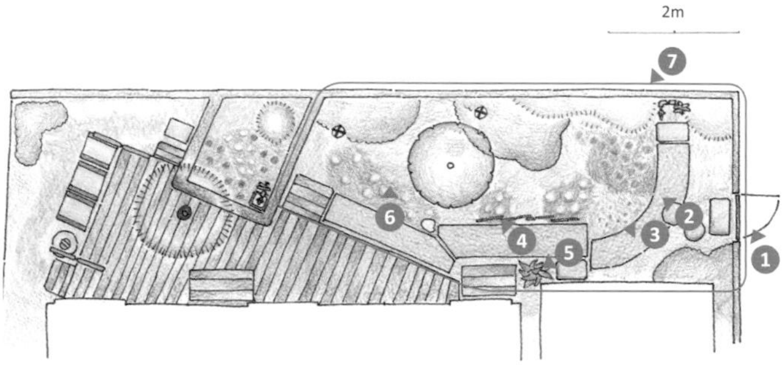

❷ 庭院的草木全景

除了庭園步道，其他部分都是花圃。直接將草木種植在地面。繡球花與當季的花都盛開，圍欄上的木香花也長得很茂盛。

③ 透過地被植物來讓植物融入自然環境

在花圃與庭園步道的交界種植百里香、麥冬等地被植物，使其融入自然環境中。

⑥ 花圃內的草木

在茴香與樹莓的圍繞下，長春花與荷蘭芹也長得很茂盛。灌木、香草植物、花草交織在一起。

④ 竹支架的作用

在花圃內設置竹支架，使其成為交界，而且也能防止德國洋甘菊倒下。

⑦ 擔任象徵樹的香橙樹

在 2 棵象徵樹當中，其中 1 棵是屬於常綠樹的香橙樹。可用來遮蔽視線，也能讓人愉快地採收果實。

⑤ 與庭院搭配的器具

在空調室外機上裝設木製的防護罩，就不會破壞庭院的氣氛。也能當作長椅。

2 木製露臺

❶ 象徵樹

種植在木製露臺中的昌化鵝耳櫪，在夏天能提供樹蔭；秋天葉子會變黃；冬天落葉後，陽光會照進室內。

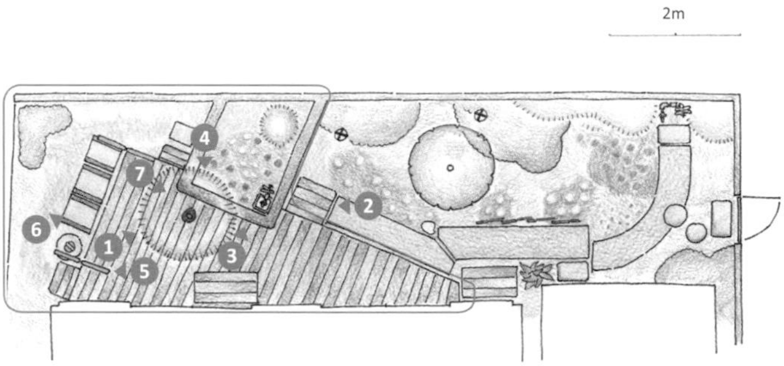

❷ 解決了高低落差問題的木製露臺

將木製露臺製作得和房間地板差不多高，就能解決高低落差的問題，出入庭院也很方便。

③ 將供水設施融入草木中

在距離地面 70 ㎝的架高花圃中裝設供水設施。周圍種植迷迭香與秋海棠。

⑤ 沒有土壤的地方使用花盆

將羅勒、薄荷、義大利香芹等能夠用於料理的香草植物種在花盆內欣賞。

④ 室外機防護罩也能當作餐桌

透過木製的室外機防護罩來避免陽光直射，亦可提昇空調的運作效率。可在此進行移殖盆栽的工作，也可將其當成長椅或餐桌。

⑦ 與結構物之間的協調性

配合昌化鵝耳櫪的形狀，在木製露臺挖出一個洞。

⑥ 透過廚餘來製作堆肥

透過堆肥箱來製作堆肥。只要有 0.5 坪大的空間就能設置，廚餘不會留在家裡，也會很衛生。

Garden 4

充分利用小空間，享受菜園樂趣的庭院

在此庭院內，將除了庭園步道以外的部分都設置成菜園，在供水設施、長椅、籬笆等部分也下了很多工夫。

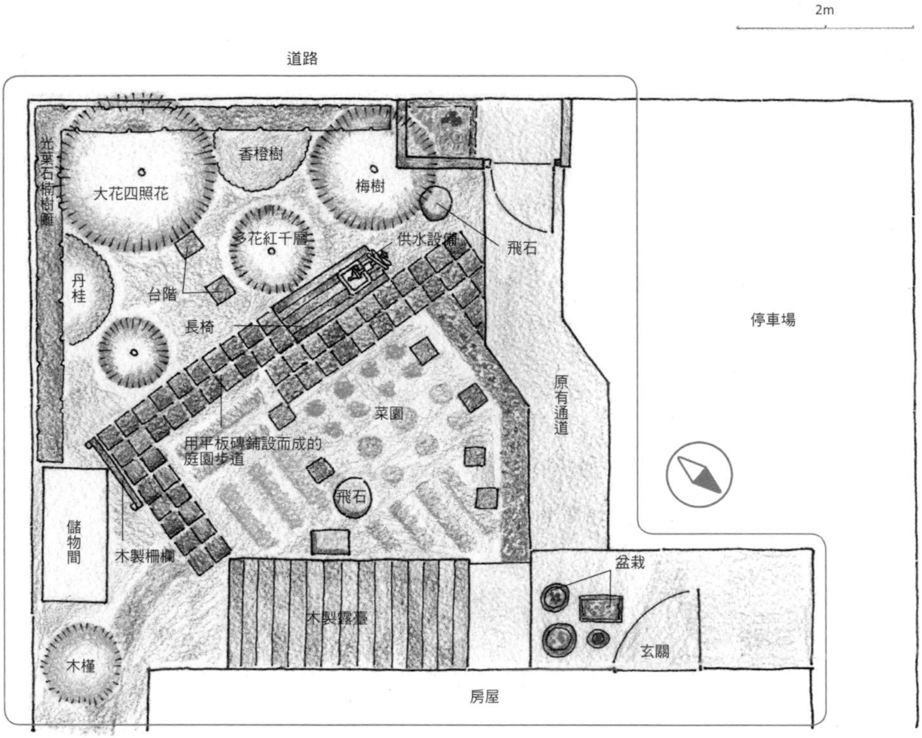

Data

M 邸
施工年月　2004 年 8 月
庭院年齡　30 年
地點　埼玉縣入間市

Point

◯透過庭園步道與菜園內的平板磚步道，採收蔬菜時就不會弄髒鞋子。
◯庭園步道以外的部分是菜園與盆栽區，在庭院正中央設置與長椅組合在一起的供水設施。

即使庭院面積不大，也能夠打造菜園。

想要試著栽種一些可以用於料理的辛香料與蔬菜——有這種想法的人出乎意料地多。

在一般住宅區的庭院內，即使面積不寬敞，但還是可以打造菜園。所以在一開始先確保通道即可。只要透過平板磚來鋪設庭園步道，並將除此之外的空間，打造成菜園。接著，將供水設施大致上設置在庭院中央，並將其嵌進長椅中。長椅採用堅固的材料來製作，進行移栽等工作時，長椅也能派上用場。

雖然鋼製的儲物間可以直接使用，但一映入眼簾還是會覺得掃興，所以用木製柵欄來遮住。如果讓茉莉花纏繞在柵欄上，也能使氣氛變得柔和。這個在庭院前面的菜園也能夠帶來很多樂趣。

充分利用小空間，享受菜園樂趣的庭院

平板磚步道的右側是盆栽區，左側則是菜園。木製柵欄能夠柔和地遮住鋼製的儲物間。

❶ 透過木製柵欄來遮住儲物間

庭園步道的正面設置了用來遮蔽鋼製儲物間的木製柵欄。茉莉花長得很茂盛。

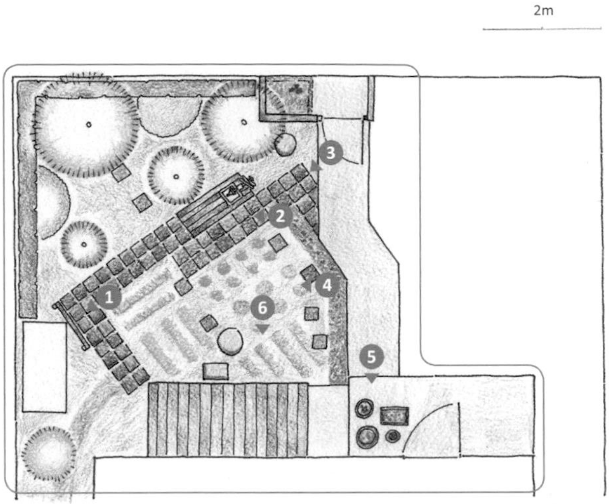

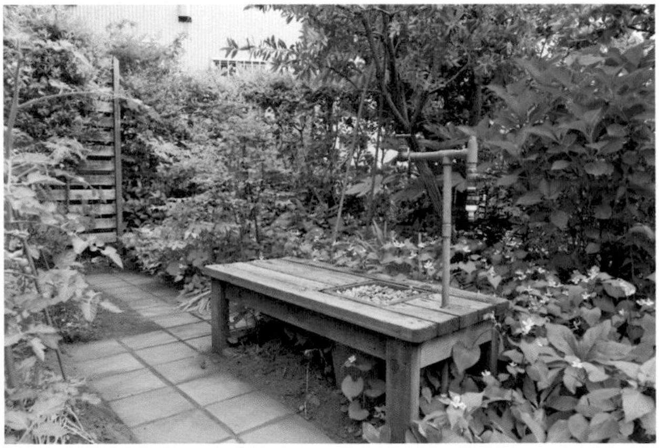

❷ 南側的草木

在附有供水設施的長椅底下，種植聖誕玫瑰、魚腥草等林下植物。也能看到多花紅千層的紅花。

❸ 依照用途來將庭院分區

透過平板磚步道來將庭院分成兩個區域。依照用途分隔，花草與蔬菜都能欣賞得到。

5 利用盆栽裝飾沒有土壤的地方

在玄關前擺放當季花卉、天竺葵、蘇丹鳳仙花、矮牽牛等來當作裝飾。

4 在庭院前享受家庭菜園的樂趣

在庭院前面也能打造出很棒的家庭菜園。收成作物包含了茄子、番茄、小黃瓜、青椒、紫蘇等。

6 綠色的窗簾

在屋前種苦瓜來製作綠色的窗簾，一舉兩得。

Garden 5

廣場風格的聚會型庭院

透過「很大的螺旋花園、由雨水所形成的小河、廣場般的空間」來愉快地迎接眾多客人。

1 岩石花園・玄關前

2 主庭院

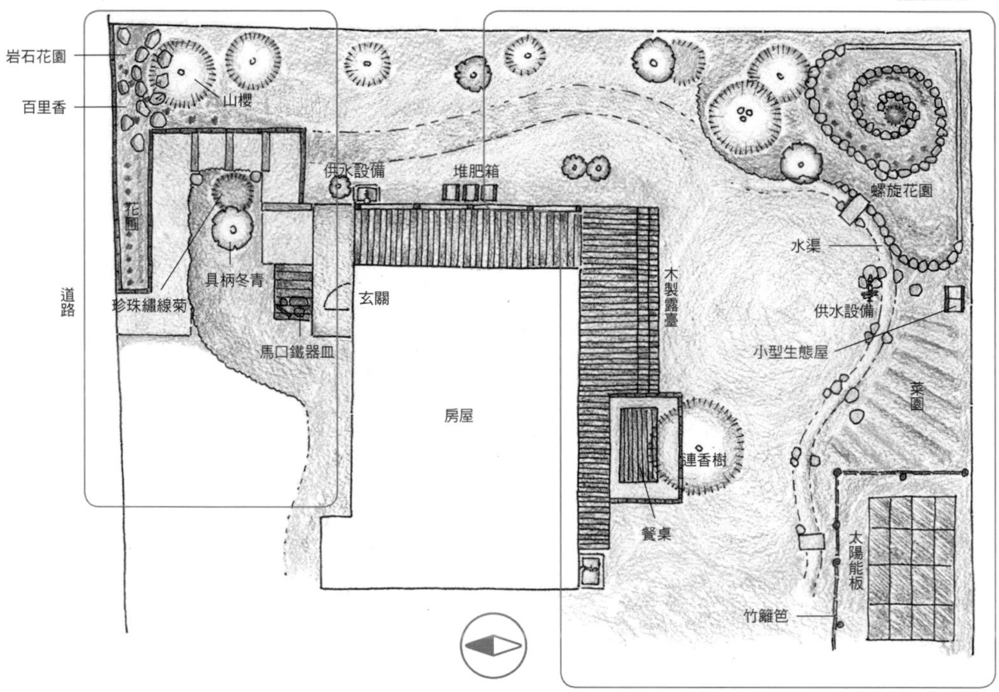

Data

山之木一級建築師事務所（股）公司
施工年月　2015年5月
庭院年齡　4年
地點　埼玉縣東松山市

Point

○岩石花園能夠防止傾斜地區的土壤流失，也能成為整理花園時的立足處。
○在螺旋花園中，能夠在有限的空間中創造出多樣化的植物環境，並可以有效率地澆水。

能讓很多人聚在一起的樸門永續設計庭院

此處是樣品屋兼個人設計工作室。為了搭配用天然建材打造而成的建築物，屋主打造了一個樸門永續設計庭院。

通道的傾斜地部分是岩石花園，種植可兼作擋土牆的植物。庭院內還有一個很大的螺旋花園。下雨時，雨水全都會流進旱河中，只有在雨天才會形成非常小的河川。

偶爾舉辦活動會聚集很多人，所以沒有過於擴展植物種植範圍，確保了廣場風格的空間。不過，此區域要定期修剪雜草，保持草坪狀態。在這個庭院內，一年四季都能欣賞植物，且能自然地迎接眾多客人。

廣場風格的聚會型庭院

用來當作通道的平緩階梯的旁邊是岩石花園，也是通往主庭院的入口。

1 岩石花園・玄關前

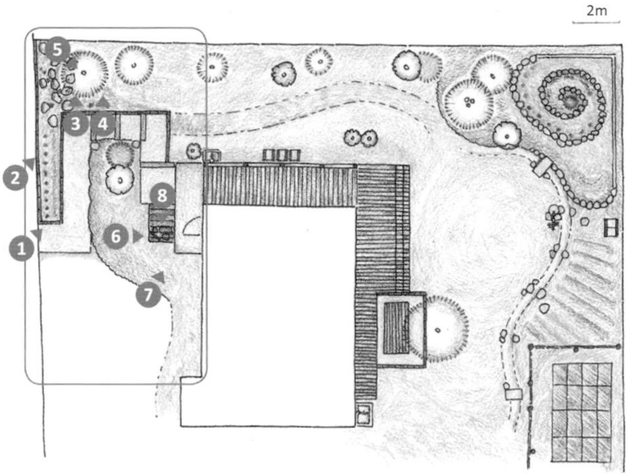

❶ 通往玄關的通道

透過平緩的通道來連接玄關。面向道路的花圃內種植了色彩華麗的植物，百里香可用來防止雜草生長。

❷ 岩石花園的植物

在岩石花園內，以山櫻與楓樹為主，種植了各種高度不同的植物。

❸ 利用百里香來當作擋土牆

利用百里香來當作岩石花園的擋土牆。另外，也種植了很香的薰衣草與迷迭香等植物。

❹ 密集種植防止雜草生長

樓梯旁邊的區域，為了要讓雜草不易生長，所以稠密地種植了縷絲花、紅菽草、百里香等植物。

❺ 種植帶有立體感的草木

從岩石花園眺望玄關方向。種植具柄冬青、珍珠繡線菊等較高的植物，就能自然地將玄關遮住。

❻ 不會輸給雜草的宿根植物

玄關前的傾斜地，主要種植藥用鼠尾草等宿根植物，並會種植用來可當作擋土牆，又能防止雜草生長的姬岩垂草。

❼ 透過馬口鐵器皿來裝飾

在玄關前為了迎接客人，所以很雅致地將迷你玫瑰與薰衣草，一起種在馬口鐵器皿內。

❽ 玄關前的特色

在玄關前的水泥地邊緣種植玉簪等的林下植物，呈現柔和的印象。

2 主庭院

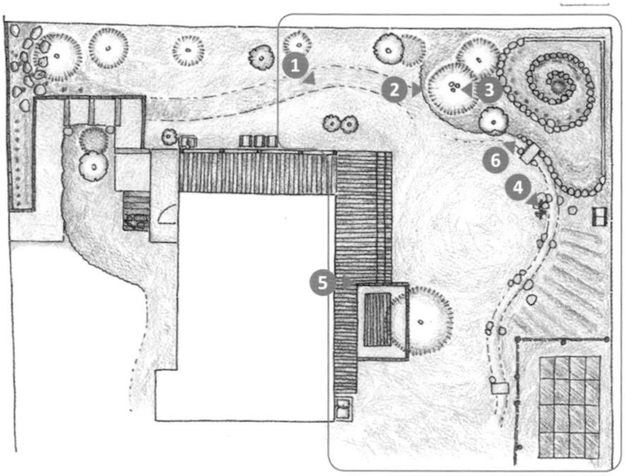

❶ 連接前院的小路

通往主庭院的小路會描繪出一道平緩的弧線，會讓人對前方的庭院感到很期待。

❷ 地被植物

在宛如小山坡的區域，會種植百里香、薄荷等地被植物來防止土壤流失。

❸ 島嶼般的種植區

將部分區域打造成宛如島嶼般的種植區。只要種植小喬木、灌木、林下植物，庭院就會變得很豐富。

❺ 透過落葉樹來調節陽光

從房間內眺望的景色。身為象徵樹的連香樹，在夏天能夠遮蔽陽光；到了冬天樹木落葉後，陽光就能照入。

❹ 菜園的排水能力

讓菜園略為隆起，以改善排水能力，並設置供水設施。為了讓雨水流到前方，所以開鑿了水渠。

❻ 螺旋狀花圃

只要從頂部澆水，水就會逐漸地往下滲透，所以能夠很有效率地澆水。由於也能創造出「排水能力良好處」、「日照良好處」、「陰涼處」等多樣化的環境，所以能夠種植種類豐富的植物。

Garden 6

能讓孩子們玩得滿身是泥的庭院

在建造庭院時，會優先考慮「捏泥巴球、沙坑、草坪、小河」等能讓孩子們開心的事情。

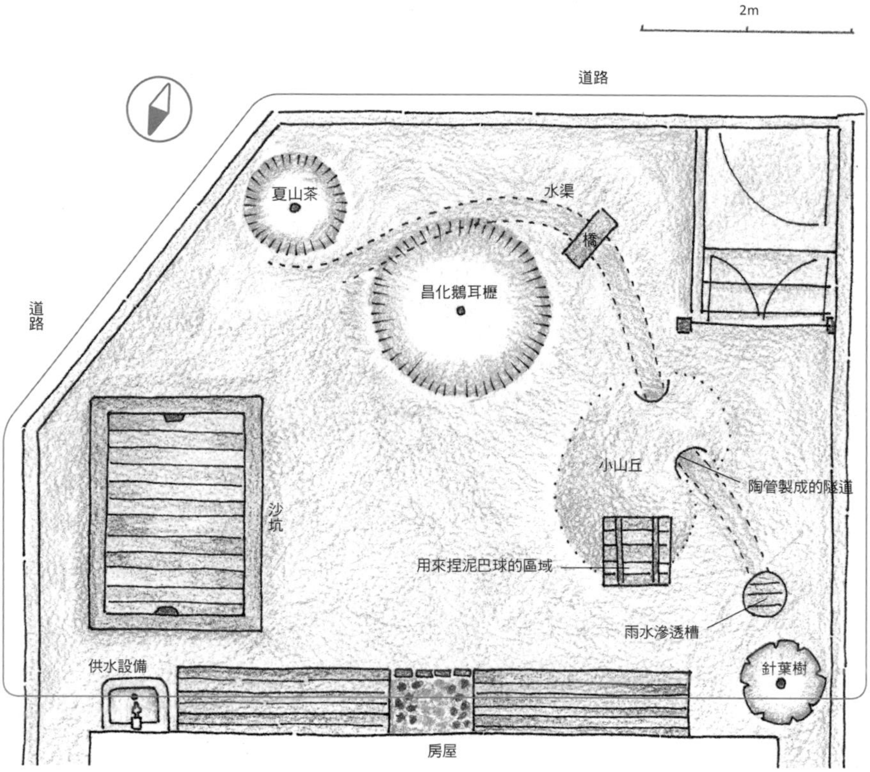

Data

野花幼兒園
施工年月　2012年6月
庭院年齡　4年
地點　東京都日野市

Point

○為了讓孩子們能夠赤腳走路，所以種植了結縷草。而且還有雨水會流經的小河、陶管製成的隧道、小山丘等。
○設置了用來捏泥巴球的區域。為了不讓貓咪使用沙坑，所以會蓋上木製的蓋子。

能讓孩子們赤腳玩耍的庭院

身為園長的田淵夫婦真的很喜歡小孩。正因如此，他們最想要的是，能夠讓孩子們赤腳走路的庭院，及用來捏泥巴球的場所。

只有在下雨時才會流動的小河與小山，再加上陶管製的隧道。為了避免沙坑變成貓咪的廁所，所以不使用時，只要蓋上木製的蓋子即可。蓋子很堅固，即使坐在上面玩耍也沒問題。在可以赤腳行走的草坪內，種植了充滿野趣的結縷草。在裝有用來捏泥巴球的地方，蓋子也可以成為製作台。身為象徵樹的昌化鵝耳櫪，只要經過幾年後，根部就會確實地伸展扎根。到了夏天，這棵樹能夠提供一大片樹蔭，並守護孩子們。

在日照良好的庭院內，種植可提供樹蔭的昌化鵝耳櫪。到處都加入了能讓孩子們高興的巧思。

❶ 幼兒園的招牌

在手工製作的招牌對面，孩子們可以自由自在地赤腳玩耍。

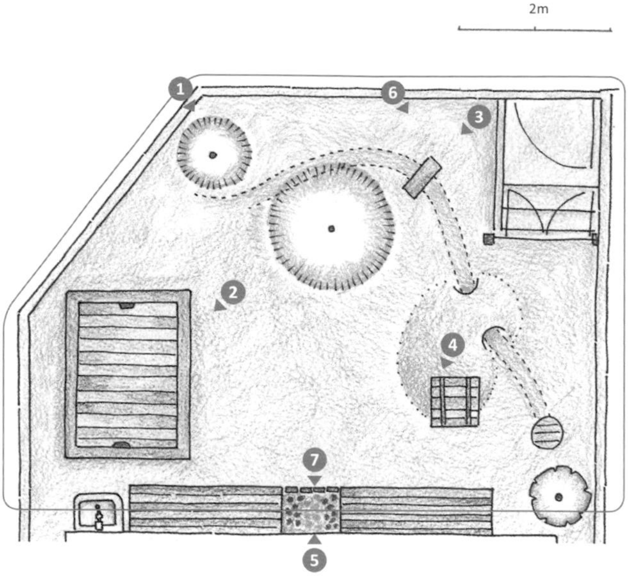

❷ 附有蓋子的沙坑來維持清潔

沙坑不使用時，只要擺上一片片木板，就可以將沙坑蓋起來。這樣還可以避免沙坑變成貓咪的廁所。

❸ 擔任象徵樹的昌化鵝耳櫪

昌化鵝耳櫪長大後會成為象徵樹。旁邊設置了雨水會流經的水渠。

❹ 捏泥巴球來玩耍

可自由開關的泥巴球區域。裡面裝有泥土，可以使用蓋子的背面來玩捏泥巴遊戲。

5 能夠赤腳玩耍的結縷草庭院

與溝葉結縷草相比，結縷草更有野生的感覺，可以呈現出野地的氣氛。很適合赤腳玩耍。

6 小河與小型隧道

只有在下雨的時候，溝渠會變成小河。隧道部分則會形成小山丘，令人不禁想要窺視。

7 在小花圃內種植當季花卉

利用庭院內的空隙來設置小花圃。在這個空間內，可以欣賞到圓三色堇、矮牽牛等當季花卉。

Garden 7

利用木製籬笆保護隱私的庭院

透過錯開成四層的木製籬笆，就能自然地遮住來自外面的視線，創造出不會感覺到壓迫的空間感。

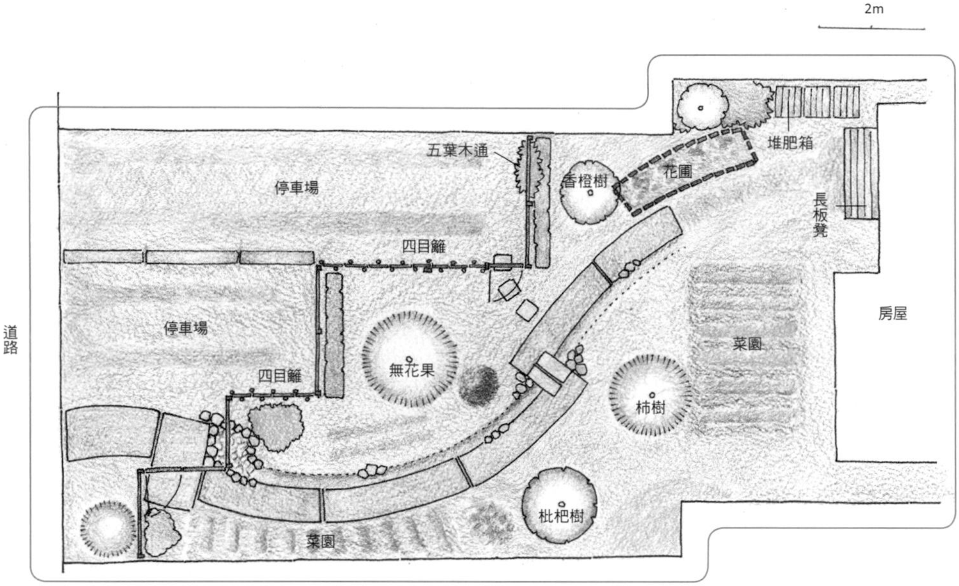

Data

川俣邸
施工年月　2013年6月
庭院年齡　2年
地點　東京都三鷹市

Point

○利用錯開成四層的木製籬笆與房屋成直角的木門，就能自然地遮蔽來自道路的視線。
○具備滲透性的材料鋪設庭園步道，描繪一道平緩弧線。
○主要種植柿樹、枇杷樹、五葉木通等有果實的樹。

透過沒有壓迫感的籬笆自然地遮蔽視線

由於道路上人來人往，所以這座庭院就是為了自然地遮蔽來自道路的視線建造的。話雖如此，如果在正側面設置一整面籬笆，就會產生壓迫感，所以要將木製籬笆錯開成四層，並採用具有縱深感的區隔方式，然後透過四目籬（方格籬）來連接這些籬笆。

另外，籬笆也和訪客用停車場巧妙地結合。再者，為了避免訪客一下就看進屋內，所以木門的開關方向會與房屋成直角。利用具備滲透性的鋪路材料，鋪設出平緩的庭園步道。

在寬敞的庭院內，主要種植柿樹、枇杷樹、五葉木通等有果實的樹，並會種植棣棠花、連翹等灌木。

庭園步道會從房屋側的廣場空間開始延伸，木製籬笆能夠自然地遮蔽視線。花圃是屋主親手打造的。

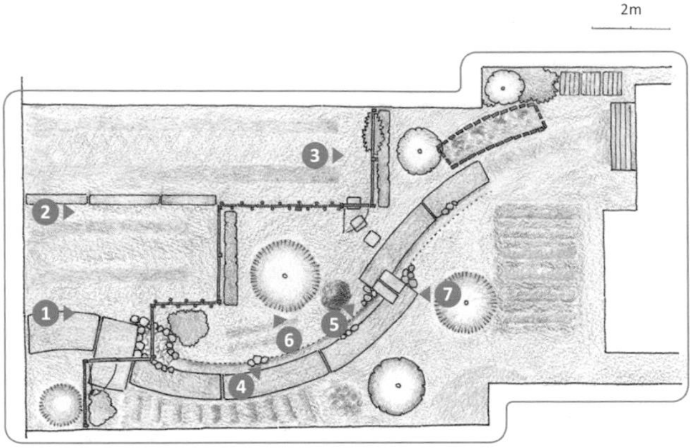

❶ 四層籬笆

木製籬笆能夠遮蔽來自外部的視線。逐步地將籬笆錯開成 4 片，以呈現出空間感。

❷ 將籬笆錯開來，以確保通風效果

不要將通道左側的 3 片籬笆橫向地設置成一直線，這樣就能確保通風效果。

❸ 木製籬笆與攀緣植物

五葉木通纏繞在西側的籬笆上。木製籬笆與攀緣植物也非常契合。

❺ 雨水專用的排水設施

沿著通道挖出一條用來排放雨水的溝渠。只有在雨天時，會變成一條小河。

❹ 讓庭院看起來更遼闊的庭園步道

藉由將庭園步道鋪成彎曲的，就能增添變化，使庭院看起來很遼闊。由於沒有很高的樹木，所以空間會讓人覺得遼闊。

❼ 有效地遮蔽視線

從房屋這側觀看道路，就能得知視線已經完全被遮蔽。

❻ 簡樸的四目籬

用來連接木籬笆與木籬笆的竹籬笆，採用的是簡樸的四目籬。在菜園區種植蔬菜。

Garden 8

宛如祕密花園般，不會被別人看見的庭院

寬廣的庭院是一個能感受自然氣息的休憩空間。在這個與自然融合的庭院內，聆聽鳥鳴，感受風的吹拂。

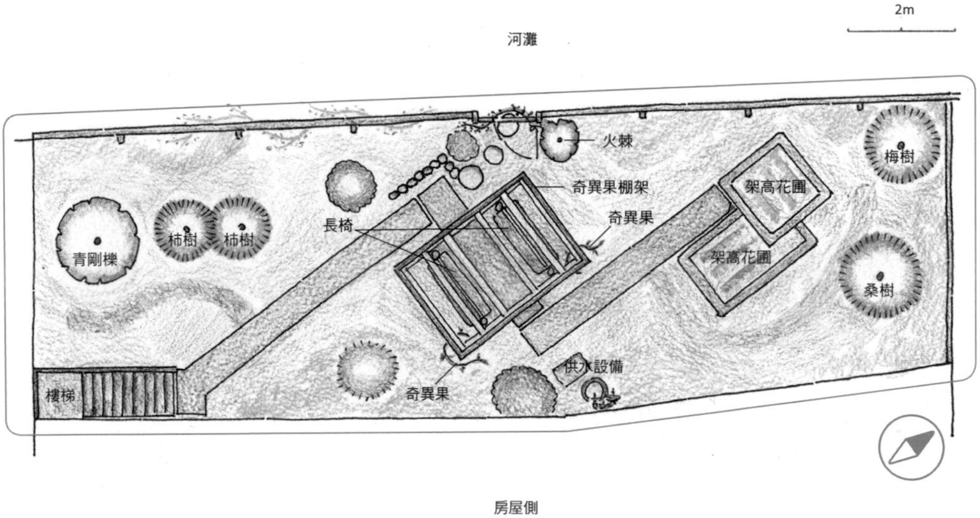

Data

酒井邸
施工年月　2015年4月
庭院年齡　8年
地點　埼玉縣日高市

Point

○通道與建地方向成斜角，以呈現廣闊的縱深感。通道以外的部分需要修剪雜草。
○柵欄與門會成為庭院與河邊散步道的交界。
○架高花圃與奇異果棚架。在棚架下設置長椅。

沿著河川打造而成的舒適空間

從主庭院走下樓後，就能到達河邊的庭院。此庭院是一個非常舒適的祕密空間，可以感受河風與鳥鳴，宛如冥想室一般。在不久的將來，河邊會鋪設散步道，所以會透過柵欄來劃分區域，以避免行人走進建地內。另外，為了讓自己能夠去河灘玩，所以柵欄上也裝了門。

在奇異果棚架下方，擺放兩張面對面的長椅。另外還有高度不同的架高花圃，可以讓人享受小型菜園的樂趣。走下樓梯後，可以看到從此處，通往菜園專用架高花圃的庭園步道。藉由讓步道經過奇異果棚架，就能確保動線的流暢。在土壤的部分，預定會透過已長出來的雜草，來將其打造成綠色草坪。

在菜園專用的架高花圃內，種植毛豆與香草植物。奇異果棚架的下方有面對面的長椅。河灘的綠意很濃厚。

❶ 奇異果棚架的長椅

設有長椅的奇異果棚架位於庭院中央。如果棚架上的奇異果很茂盛就能遮陽。

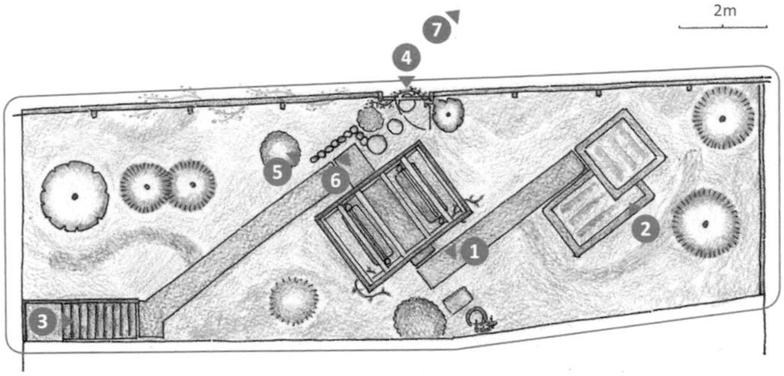

❷ 架高花圃中的菜園

在通道末端，有 2 座菜園專用的架高花圃。木製邊框也可以坐。種植著毛豆與香草植物。

❸ 透過斜向的通道讓庭院顯得遼闊

從主庭院的樓梯上所俯視到的景色。藉由讓通道與建地方向成斜角，就能使庭院顯得遼闊。

❹ 讓交界變得明確的柵欄

從河川側所看到的庭院。在心理層面上，木製的柵欄和門具備「使人不易進入」的效果。

❺ 門的對面

將木門上方的金屬棒製作成拱形，讓原本就存在的火棘纏繞在上面。門的對面有河流。

❻ 土地的東西也能利用

通道採用具備滲透性的鋪路材料。這片土地上所出現的石頭，也能為庭院增添變化。

❼ 充滿自然氣息的河邊

門的對面有河流，水鳥與野鳥等也會造訪此處。樹蛙偶爾會發出美妙的叫聲。

Garden 9

兼具無障礙設計與生態循環的庭院

前往玄關的通道上，設置野炊爐具等物品，就能打造小型生態循環庭院。

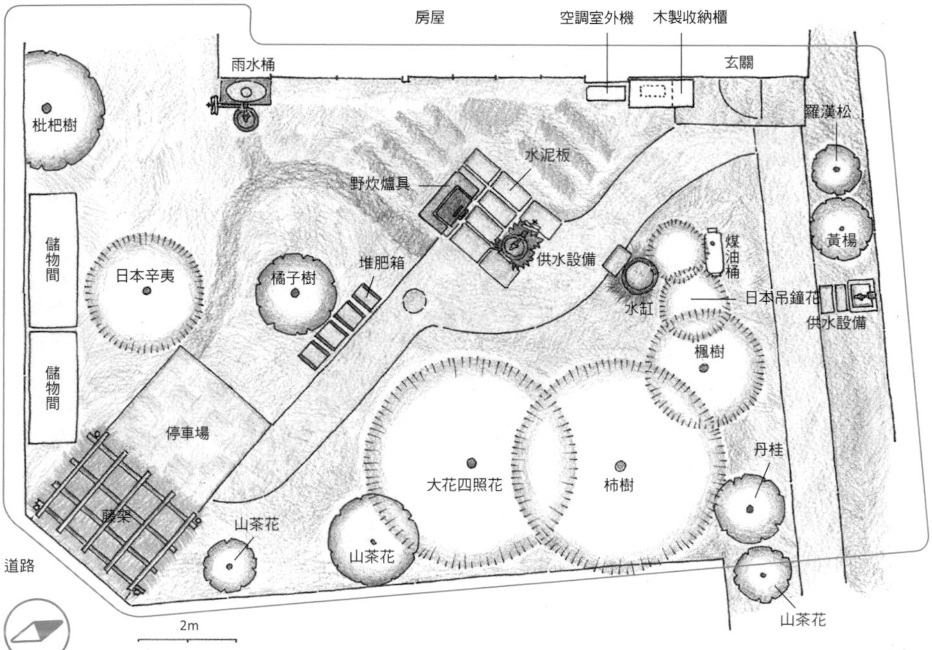

Data

K邸

施工年月　2009年8月

庭院年齡　6 年

地點　埼玉縣埼玉市

Point

○透過滲透性的鋪路材料，鋪設庭園步道，並採用無障礙設計，讓人能輕鬆地從玄關走到停車場。

○在庭院內設置雨水桶、供水設施、野炊爐具、水缸、堆肥箱等，使人能夠感受到小型生態循環。

藉由通道來營造庭院的氣氛

此庭院的主題為，讓高齡的雙親能夠輕鬆地從玄關走到停車場。在以前被青草覆蓋的區域，透過滲透性的鋪路材料來鋪設庭園步道，就算是雨天，走路時也不會弄髒鞋子。沿著通道設置供水設施、野炊爐具、水缸、堆肥箱等，打造出能讓人感受到小型生態循環的庭院。在房屋側也設置了不鏽鋼製的雨水桶。於玄關旁的木製收納櫃內，擺放了庭院用具與打掃用具。

雖然K邸的人沒什麼時間整理庭院，但因為有步道的關係，所以步道兩側的茂盛雜草也充滿了野趣，在氣氛上，不會讓人感到雜亂。

從停車場側通往玄關方向的通道。雜草的茂盛程度恰到好處。設有堆肥箱、野炊爐具、供水設施、木製收納櫃。

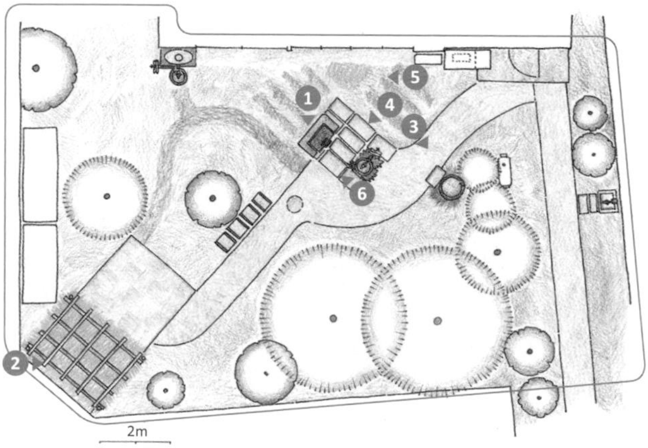

1 象徵樹

只要從屋內觀看庭院，就能在野炊爐具對面，看到擔任象徵樹的柿樹與大花四照花。

2 樹木能夠提供樹蔭

停車場的上方是藤架。夏天時藤架能和夏蜜柑樹、柿樹、大花四照花一起提供樹蔭。

3 吊鐘花

一年四季都能夠欣賞吊鐘花的嫩葉、白花、紅葉、落葉。水缸能營造涼爽感。

4 基於便利性考量的供水設備

庭院中央有供水設施，兩個水栓中的其中一個是塑膠軟管專用，可以輕鬆地澆水。

6 方便的野炊爐具

只要有野炊爐具，冬天在整理庭院時，就可以當成手爐、燒開水，或是利用乾枯雜草來製作草木灰。

5 也能享受栽種蔬菜的樂趣

在庭院角落種植小黃瓜。另外，還有透過廚餘堆肥栽種出來的南瓜與小番茄。

Column 2

何謂小型生態屋？

專家以在德國的群落生境花園（Biotope Garden）中所看到的「昆蟲旅館」為啟示，想出了可用於狹小庭院的方法，也就是「小型生態屋」。

在屋頂底下的開放空間，長腳蜂有時也會來築巢。其下方的百葉窗房間內，棲息著壁虎。在更下方的部分，緊密地插著竹筒，穴蜂會在此產卵，並會進入竹筒內，捕食用來當成幼蟲食物的青蟲等。在放了很多小樹枝的地方，甲蟲經常會在此過冬。在塔下的地面上，擺放了石頭與陶管，此處會成為蜥蜴與青蛙的棲息場所。只要像這樣，事先積極地打造出能吸引生物的環境，即使發生了病蟲害，也會在情況變得嚴重前就平息。

小型生態屋能創造出生物喜愛的環境。青蛙與蜥蜴會棲息在陶管與石頭的縫隙中。

Part 3

有機花園的植物應對方式

為了將庭院打造成有機花園，我們要先來介紹大家想要種植的樹木與花草。希望大家能夠了解植物的特徵與栽種方式，讓這些知識在打造有機花園時發揮作用。

「樹木圖鑑」、「花草圖鑑」各個項目的觀看方式

喬木・小喬木 A

B 昌化鵝耳櫪 落葉 D

C 樺木科

E 〔特徵〕
經常見於山地、雜樹林、村落。近年被當成庭園樹木來使用。葉子帶有涼爽感，可以欣賞到嫩葉與黃葉。昌化鵝耳櫪的同類為「千金榆」、「日本鵝耳櫪」。近年來，此樹是很受歡迎的庭園樹木。

〔栽種方法〕 F
雖不會特別挑土壤，但喜愛稍帶溼氣的土壤。由於成長速度略快，枝葉茂盛，所以十分經得起修剪。每年都要進行修剪，避免樹木長高，長得過長的樹枝要連根剪除。

G
〔樹高〕3m（15～20m）
〔花期〕4～5月
〔花色〕黃褐色（雄花）、淺綠色（雌花）
〔用途〕象徵樹、綠蔭樹。
〔修剪時期〕2～3月、7～8月

一年生植物 A

洋甘菊（德國洋甘菊） B

C 菊科

E 〔特徵〕
在春天會開出白色小花。花可以當成香草植物來使用。除了屬於一年生植物的德國洋甘菊以外，還有屬於多年生植物的果香菊。德國洋甘菊會透過掉落的種子來進行繁殖，而且每年都會開花。

〔栽種方法〕 F
喜愛日照良好處，有點不耐熱。因此，在栽種場所方面，夏天要選擇有樹蔭的地方。先準備排水性佳，且保水性良好的土壤，然後再播種。

G
〔草高〕30～60 cm
〔花期〕4～6月
〔花色〕白色
〔播種時期〕9～10月中旬

A 植物種類

依照樹高，樹木可分成喬木、小喬木、灌木、攀緣植物。花草類則分成一年生植物、多年生植物來刊載。

B 植物名稱

記載一般常使用的名稱、俗名。經常使用的別名會標記在（ ）內。

C 科名

紀錄植物分類學上的科名。

D 落葉樹・常綠樹類型

標出樹木類型。樹木可分成，會落葉的「落葉樹」以及一整年都有葉子的「常綠樹」這兩種類型。

E 特徵

介紹植物的特徵。

F 栽種方法

栽種植物時的注意事項。

G

［樹高・草高］用來表示，在庭院內栽培時，植物會長到多高，或是維持多高。在（ ）內標示喬木、小喬木、灌木在自然狀態下的高度。
［花期］以日本關東地區為基準，標明開花時期。花期會因地區、環境、年份而產生差異。
［花色］標示開花植物的顏色。
［用途（僅限樹木圖鑑）］依照用途，樹木可以當作樹籬、象徵樹、點綴樹（用來襯托庭院景色的樹木）、綠蔭樹（用來提供樹蔭的樹）、固根植物（用來固定樹木根部的樹）等。記載推薦的用途。
［修剪時期（僅限樹木圖鑑）］以日本關東地區為基準，記載適合修剪樹木的時期。
［播種・移栽時期（僅限花草圖鑑）］以日本關東地區為基準，記載適合播種・移栽的時期。

樹木與花草

樹木能打造庭院的架構，花草則能讓人感受四季。

庭院內的植物可分成「樹木」與「花草」。樹木與花草的差異在於枝幹。樹木的樹幹會逐漸增大且變硬。花草在地上部分會枯萎，所以枝幹（莖）不會變粗。

在庭院內栽種植物時，重點在於，要先決定樹木的位置後，再決定花草的。

樹木能夠打造出庭院的架構與縱向的空間。因此，在決定要種幾棵樹時，要考慮到樹木與庭院寬敞度之間的平衡。接著，要種植能讓人感受到季節更迭的花草。花草與樹木不同，可以定期進行移栽，享受不同樂趣。

樹木與花草的特徵

樹木

與花草相比，大部分較高。包含了擔任庭院主角的「象徵樹」、能為庭院增添綠意「點綴樹」、用來提供樹蔭的「綠蔭樹」等，依照用途有各種名稱。

花草

由於高度不高，所以單株花草大多不顯眼。藉由種植多株花草，使其長得茂盛，就能使庭院變得華麗。另外，想要讓庭院呈現季節感的話，當季花卉也是很重要的元素。

樹木與花草的知識 2

落葉樹與常綠樹

落葉樹在冬天引入陽光，常綠樹則能遮蔽視線。

樹木可分成，葉子很寬的「闊葉樹」，及葉子細如針狀的「針葉樹」。兩者皆可以分為，一到冬天葉子就會全部掉落的「落葉樹」，及一整年都有葉子的「常綠樹」。落葉樹經常生長在較寒冷的區域，常綠樹則喜愛溫暖地區。雖許多針葉樹都是常綠樹，但卻大多生長於寒冷地區。

落葉樹要種植在，夏天可以提供樹蔭，冬天能夠引入陽光的場所。由於常綠樹可以遮蔽來自外部的視線，所以我們能夠在窗戶的延伸處上，當成「遮蔽物」來使用。

落葉樹與常綠樹的特徵

常綠樹

樹葉一整年都很茂密，老葉子大多會在春季時被替換。即使在冬天，葉子也依舊青翠茂盛，所以除了用來當作庭院的遮蔽物與防風林以外，在冬季也能欣賞到珍貴的綠意。針葉樹大多為常綠樹。照片為日本冷杉。

落葉樹

春天時，葉子很茂盛；到了冬天，葉子就會掉落。能夠遮蔽夏天的強烈日光，提供樹蔭；冬天則能引入陽光。由於葉子會變黃變紅，所以能使庭院呈現季節感，而且落葉也能夠再利用。照片為加拿大唐棣。

一年生與多年生植物

依照種類，在庭院內移栽。

與樹木相比，花草的生長週期較短，可以分成「每年都必須移栽的種類」以及「就算置之不理，隔年還是會長出來的種類」。

從播種到長大、開花，經過約一年就會停止生長的植物叫做「一年生植物」。包含許多品種，只要選擇符合季節的品種，就能讓庭院呈現季節感。

另一方面，即使地上部分已枯萎，隔年還是會長出來的植物叫做「多年生植物」。不需花費工夫進行移栽，每年都能欣賞到相同植物。隔年長出來後，會帶有很自然的氣氛。

一年生與多年生植物特徵

一年生植物

大多較華麗，花色很豐富。雖然每年都要購買花苗，進行移栽工作，但可以依照季節來自由地移栽。適合種在花圃與容易看見的地方。照片為堇菜。

多年生植物

即使枯萎，隔年還是會繼續生長的類型。從種植後的隔年開始，其姿態會呈現沒有經過人工修飾的自然氛圍。生長範圍過大時，要透過摘除來進行管理。照片為聖誕玫瑰。

耐陰性

在微弱陽光下也能生長的植物很珍貴

許多植物喜愛日照良好的場所。但只要觀察大自然的景色，就能發現，也有植物生長在森林的樹蔭下。由於這類植物在微弱陽光下也能生長，耐陰性很強，所以能夠種植在許多植物都無法適應的場所，像是樹蔭下與庭院北側等處。耐陰性較強的植物包含：繡球花、山杜鵑等樹木，及玉簪、聖誕玫瑰等花草。

由於耐陰性強的植物可以用來點綴陰涼處，再加上數量較少，所以很珍貴。栽種植物時要多加留意，並思考葉子顏色等搭配，即使在陰涼處，也能搭配出很好看的顏色。

具備耐陰性的植物的特徵

樹木

只要觀察大自然的森林，就會發現大樹底下會形成陰涼處。因此，在比較不高的樹木中，有許多耐陰性很強的樹。具備耐陰性的樹木可用來點綴庭院北側或樹蔭下。照片為生長在樹林內的山杜鵑。

花草

雖然有聖誕玫瑰、大吳風草等顏色很漂亮的花，但許多花的色調都很樸素。可以選擇葉子顏色很特別的花，像是玉簪等。照片中的是，種在朝北的樹蔭下的玉簪。

樹木圖鑑

樹木是用來打造庭院架構的關鍵要素之一。除了能夠決定庭院的架構以外，還能提供樹蔭，吸引鳥類與昆蟲，更能提供一個聯繫人類與生物的場所。

依照高度，樹木可以分成喬木、小喬木、灌木。高度方面，會以成年樹木的高度來當作基準。喬木的高度為5公尺以上，小喬木的高度為2～5公尺，灌木的高度在3公尺以下。此外，還有攀緣性的樹木。

在自然狀態下，也有許多喬木會長到數十公尺高。因此，在庭院內種樹時，一年必須修剪一次，以抑制樹木高度。

喬木・小喬木

昌化鵝耳櫪

落葉

樺木科

〔特徵〕

經常見於山地、雜樹林、村落。近年被當成庭園樹木來使用。葉子帶有涼爽感，可以欣賞到嫩葉與黃葉。昌化鵝耳櫪的同類為「千金榆」、「日本鵝耳櫪」。近年來，此樹是很受歡迎的庭園樹木。

〔樹高〕3m（15～20m）

〔花期〕4～5月

〔栽種方法〕

雖不會特別挑土壤，但喜愛稍帶溼氣的土壤。由於成長速度略快，枝葉茂盛，所以十分經得起修剪。每年都要進行修剪，避免樹木長高，長得過長的樹枝要連根剪除。

〔花色〕黃褐色（雄花）、淺綠色（雌花）

〔用途〕象徵樹、綠蔭樹。

〔修剪時期〕2～3月、7～8月

雞爪槭

落葉

槭樹科

〔特徵〕

生長於山野的河岸等處，春天會長出翠綠的嫩葉，秋天可以看到美麗的紅葉。屬於落葉喬木・小喬木。葉子會宛如手掌般地裂成5～7片，分枝很細小，給人一種柔和的印象。可以說是庭園樹木的代表，也包含許多園藝品種。

〔樹高〕3～4m（5～20m）

〔花期〕4～5月

〔栽種方法〕

喜愛保水性良好的土壤。由於生長速度快，枝葉很茂盛，所以在其長大前，將過長的樹枝連根剪除，而且每年都要進行能夠抑制高度的修剪工作，避免樹木長高。

〔花色〕暗紅色

〔用途〕象徵樹、點綴樹

〔修剪時期〕11～12月

野茉莉 落葉
野茉莉科

〔特徵〕
屬於落葉小喬木，生長於從北海道日高地區到沖繩的雜樹林與山地，也會被種植在公園等處。樹形很自然，可以當成點綴樹等來欣賞，初夏時節，樹枝上會垂下一整片優美的白色小花。也有粉紅色品種的花。

〔樹高〕3m（7～15m）
〔花期〕5～6月

〔栽種方法〕
在向陽處、半陰處都能長得很好。討厭過於乾燥的環境，所以可以在根部種植花草來預防乾燥。雖然忌諱修剪，但樹形容易維持。進行修剪時，要從樹枝根部將不要的枝幹剪除。

〔花色〕白色、粉紅色
〔用途〕點綴樹、綠蔭樹
〔修剪時期〕2～3月、7～8月

柿樹 落葉
柿樹科

〔特徵〕
屬於落葉喬木，自古就常被人們種植在庭院的果樹。可以欣賞嫩葉、紅葉、果實。由於在寒冷地區，澀味不易去除，所以適合種植澀柿。據說，品種有超過1000種。果實會在10～11月成熟。

〔樹高〕3m（5～10m）
〔花期〕6月

〔栽種方法〕
不挑土壤。曾經長過果實的樹枝，隔年就不會結果實，所以要從樹枝根部將其剪除。因為很容易長高，所以要透過修剪來抑制高度。如果目的是採收果實的話，就要將高度控制在2公尺以下。

〔花色〕淺黃色
〔用途〕象徵樹、綠蔭樹
〔修剪時期〕12～2月

連香樹 落葉
連香樹科

〔特徵〕
屬於落葉喬木，從北海道到九州的山地，會沿著山谷生長。也被人們當成公園樹來種植。樹形自然美麗，葉子呈心型，很特別。葉子會變黃，黃葉會散發出宛如焦糖的甘甜香氣。

〔樹高〕3～4m（30m）
〔花期〕3～5月

〔栽種方法〕
由於沿著山谷生長，所以喜愛潮濕的肥沃土壤。在自然樹形的狀態下，樹枝很整齊，所以要從樹枝根部將徒長枝等不要的樹枝剪掉。由於會長高，所以每年都要進行修剪，以抑制高度。

〔花色〕淺紅色
〔用途〕象徵樹、綠蔭樹
〔修剪時期〕12～2月

加拿大唐棣(六月莓)

落葉

薔薇科

〔特徵〕
原產於北美的落葉小喬木。在 4～5 月長出葉子前，樹枝前端就會開出許多白色花朵。到了 6 月，果實會成熟轉紅所以因而得名。果實很甜，可生吃，也是鳥類喜愛的食物。

〔樹高〕3m（5～8m）
〔花期〕4～5月

〔栽種方法〕
樹幹堅固容易生長，可生長於向陽處與半陰處。由於自然的樹形就很整齊，所以要從根部將徒長枝、交叉枝等不要的樹枝剪掉。只要在 7 月進行抑制整體生長的修剪工作，隔年依然會開花。

〔花色〕白色
〔用途〕象徵樹、點綴樹
〔修剪時期〕12～2月、7月

山茶花

常綠

山茶花科

〔特徵〕
屬於常綠喬木・小喬木，生長於日本本州地區以西的海岸地帶或山地等處。葉子很厚，呈深綠色並帶有點光澤。山茶花有許多品種，人們栽培出了許多形狀與顏色都不同的山茶花。

〔樹高〕2m（5～6m）
〔花期〕11～4月

〔栽種方法〕
日照如果不佳的話，花的數量會變少。成長速度慢，自然成形的樹形很整齊。在修剪時，要從根部剪掉混雜的樹枝。只要在開花後進行修剪，隔年也能夠再次開花。

〔花色〕紅色等
〔用途〕象徵樹、點綴樹、樹籬
〔修剪時期〕4月

大花四照花

落葉

山茱萸科

〔特徵〕
被當成公園樹與行道樹來使用。會在長出葉子時或長出葉子前開花。看起來像花瓣的部分被稱為「總苞片」，是由包覆著花朵的葉子所變化而成。

〔樹高〕3m（4～7m）
〔花期〕4～5月

〔栽種方法〕
耐寒性強，喜好肥沃土壤。由於花經常長在短樹枝上，所以在 5 月要將粗枝剪去，讓細枝增加。樹枝具備發芽能力，如果置之不理的話，樹會長得過高，所以要進行修剪，抑制高度。

〔花色〕紅色、白色、粉紅色
〔用途〕象徵樹、點綴樹
〔修剪時期〕1～2月、5月

繡球花

落葉

虎耳草科

〔特徵〕
屬於落葉灌木，擁有許多園藝品種，日本全國各地有數種野生品種。梅雨季時花色會產生「綠色～藍紫～粉紅」這樣的變化。在歐洲改良過的「西洋繡球花」、葉子上帶有裂縫的北美原產「槲葉繡球花」等品種也很受歡迎。

〔樹高〕1m（1～2m）
〔花期〕6～7月

〔栽種方法〕
喜愛濕潤的半陰處。開花後，藉由進行修剪，讓修剪過的樹枝前端長出花芽。只要將去年所修剪過的位置的附近剪掉，隔年也會長出同樣大小的花。

〔花色〕藍紫色、粉紅色、白色
〔用途〕點綴樹、固根植物
〔修剪時期〕3月、6～7月

雞麻

落葉

薔薇科

〔特徵〕
屬於落葉灌木，在春天會開出有4片花瓣的白花，很像棣棠花。生長於山地，也會被種植在公園內。雖然會被誤認為棣棠花的白花品種，但棣棠花的花瓣有5片，此花則有4片。在分類上，屬於雞麻屬。

〔樹高〕0.5m（1～2m）
〔花期〕4～5月

〔栽種方法〕
在向陽處與半陰處都能生長。若枝葉過於茂盛的話，要從根部將樹枝剪掉，改善通風。每隔3～4年，就要在冬天進行一次從根部切處枝幹的工作，讓樹木長出新的枝幹。

〔花色〕白色
〔用途〕點綴樹、固根植物
〔修剪時期〕12～2月

百里香

常綠

唇形科

〔特徵〕
屬於常綠灌木，是知名香草植物，帶有小葉子。常被用來當作地被植物。一般說到百里香的話，是指原產於歐洲南部的「銀斑百里香」。初夏時節，會開出能將整株包覆起來的粉紅花。

〔樹高〕15～20㎝（15～20㎝）
〔花期〕5～6月

〔栽種方法〕
雖喜愛向陽處，但在陰涼處也能生長。生長能力旺盛，會從根部長出細小的分枝。枝葉一旦變得茂密，內部就會因悶熱而枯萎，所以開花後，要進行修剪，改善通風。

〔花色〕粉紅色
〔用途〕地被植物
〔修剪時期〕7月

日本吊鐘花
落葉

杜鵑花科

〔特徵〕

屬於落葉灌木。在春天，白色小花大約會與葉子同時長出。秋天的紅葉很漂亮。進行修剪後，可用來當作樹籬等，也會被種植在公園內。相近品種包含了，花朵為紅色的紅吊鐘、花朵為深紅色的秩父燈台等。

〔樹高〕0.5～1m（1～2m）

〔花期〕4～5月

〔栽種方法〕

喜愛濕度適中的土壤。經常產生分枝，用來當作樹籬時，很經得起修剪。由於樹枝會隨著發芽而伸長，所以開花後要進行修剪，調整樹形。在冬天，只需稍微修剪樹枝。

〔花色〕白色

〔用途〕點綴樹、樹籬

〔修剪時期〕12～1月、5～6月

南天竹
常綠

小檗科

〔特徵〕

屬於常綠灌木，在梅雨季會開出白色小花。到10～11月會有成熟的紅色果實，雖有毒但可當藥材來使用，且也是野鳥喜愛的食物。幾根樹枝會從根部長出，葉子會長在樹枝前端。另還有果實呈白色的白果南天竹。

〔樹高〕1m（1.5～3m）

〔花期〕5～6月

〔栽種方法〕

喜愛介於半陰處～陰涼處之間，且通風良好的潮濕場所。發芽能力很強，在初夏時，要從根部將過長的樹枝與老樹枝剪掉。由於長過果實的樹枝在隔年不會開花，所以要在冬天將其剪掉。

〔花色〕白色

〔用途〕樹籬、固根植物

〔修剪時期〕1～2月、5～6月

藍莓樹
落葉

杜鵑花科

〔特徵〕

花色為帶有淺粉紅色的白色，果實會在6～9月成熟變成藍紫色。品種很多，大概可以分成「高叢藍莓」、「兔眼藍莓」這2類。由於兩者皆不易透過本身的花粉來進行授粉，所以人們會種植同類的其他品種。

〔樹高〕1～2m（1～3m）

〔花期〕4～6月

〔栽種方法〕

喜愛排水良好的酸性土壤。在初夏，要將過長的樹枝剪到只剩20公分。到了冬天，要從根部將混雜的樹枝清理掉，適度地保留帶有花芽的樹枝。若是較長的樹枝，則從前端剪掉約1/3。

〔花色〕白色（淺粉紅色）

〔用途〕點綴樹

〔修剪時期〕12～2月、6月

八角金盤

常綠

五加科

〔特徵〕

屬於常綠灌木，葉子呈現手掌狀，帶有裂縫。冬天會開出白色的花，到了隔年的5月，黑色的果實就會成熟。比較耐寒，在冬天也能用來點綴樹下與庭院北側。另外也有葉脈呈淺奶油色的品種。

〔栽種方法〕

喜愛溼度適中的半陰處～陰涼處。即使置之不理，某種程度上，樹形還是很整齊。樹枝變老或是過長時，要在初夏時從根部將其剪除。

〔樹高〕1m（1～3m）

〔花期〕11～12月

〔花色〕白色

〔用途〕點綴樹

〔修剪時期〕6月

珍珠繡線菊

落葉

薔薇科

〔特徵〕

屬於落葉灌木，葉子類似柳樹，樹枝上會長滿一整片宛如積雪般的小白花。細小的樹枝會大範圍地長出許多分枝，樹枝前端會下垂。既抗寒又耐暑，也會被種植在公園等處。也有花色為淺粉紅色的品種。

〔栽種方法〕

喜愛日照良好的場所。樹枝容易變得密集，所以要從根部將老樹枝與生長情況不佳的樹枝剪掉。每隔幾年，要在開花後，進行一次從根部將所有樹枝剪掉的工作，讓整棵樹長出新的樹枝。

〔樹高〕0.5～1m（1～2m）

〔花期〕2～4月

〔花色〕白色

〔用途〕點綴樹、固根植物

〔修剪時期〕12～1月、4～5月

迷迭香

常綠

唇形科

〔特徵〕

屬於常綠灌木，是知名香草植物。枝葉帶有香氣，常被用來去除肉類料理的腥味。可分成「樹枝會直立生長的類型」與「樹枝會橫向伸展的類型」。紫色的花會長期地持續綻放，另外也有許多花色與葉子長度不同的品種。

〔栽種方法〕

由於喜愛乾燥環境，所以要種在通風良好的向陽處。樹枝一旦變得混雜，就要從根部剪除，改善通風。另外，可以適當地摘除葉子。

〔樹高〕0.5～1.5m（15～20m）

〔花期〕7～4月

〔花色〕紫色等

〔用途〕點綴樹

〔修剪時期〕5～8月

常春藤類

常綠

五加科

〔特徵〕

人們除了會使其攀爬在牆面與柵欄等處上，也會將其當成地被植物。葉子會裂成 3 ～ 5 片，包含了大小與葉色等都不同的各種品種。也被稱作「土鼓藤」。

〔樹高〕10m 以上（藤蔓長度）

〔花期〕10 ～ 11 月

〔栽種方法〕

健壯且容易生長，不會挑選向陽處與土壤。由於生長能力旺盛，所以要注意，不要使其過度蔓延。葉子過於混雜時，要從樹枝根部進行剪除，改善通風。

〔花色〕淺綠色

〔用途〕柵欄、地被植物

〔修剪時期〕3 月、6 ～ 7 月

五葉木通

落葉

木通科

〔特徵〕

生長於山野的落葉攀緣植物。葉子為手掌狀，葉子根部會長淺紫色的花。雌花較大，雄花較小，果實可食用。到了秋天，果實成熟就會裂開。另外還有擁有 3 片小葉的三葉木通。

〔樹高〕3 ～ 5m（藤蔓長度）

〔花期〕4 ～ 5 月

〔栽種方法〕

喜愛日照良好的場所。在冬天，使其纏繞在棚架或柵欄上，並且要剪掉不要的樹枝、混雜的樹枝。在夏天，如果過度蔓延的話，則要從根部剪掉。

〔花色〕淺紫色

〔用途〕柵欄、棚架

〔修剪時期〕2 ～ 3 月、6 ～ 7 月

細梗絡石

常綠

夾竹桃科

〔特徵〕

經常被種植在公園等處的拱門或柵欄上。花會從白色變為黃色，並帶有香氣。另外還有嫩葉為白色的斑葉絡石（初雪葛）等品種。

〔樹高〕3 ～ 10m（藤蔓長度）

〔花期〕5 ～ 6 月

〔栽種方法〕

喜愛帶有溼氣的土壤與向陽處。生長能力旺盛，藤蔓會長得很長。可以種植 1 ～ 2 根從接地處伸出的藤蔓。到冬天要從根部將混雜的枝葉剪除，改善通風。

〔花色〕白色

〔用途〕柵欄

〔修剪時期〕12 ～ 2 月

多花素馨
常綠
木樨科

〔特徵〕
原產於中國南部的常綠攀緣植物。春天，會開很多白花，散發甘甜香氣。花蕾為粉紅色，葉子終年維持綠色。也有葉子邊緣呈現奶油色的園藝品種。由於耐寒性比較強，所以即使種植在溫暖地區或平地，也能夠過冬。

〔樹高〕1～3m（藤蔓長度）
〔花期〕3～4月

〔栽種方法〕
喜愛日照良好的地方。由於生長能力旺盛，藤蔓會互相纏繞，所以只要在開花後的5月進行修剪，隔年還是會開花。1月時要修剪混雜的藤蔓。

〔花色〕白色
〔用途〕柵欄、拱門
〔修剪時期〕1月、5月

黑莓樹
落葉
薔薇科

〔特徵〕
原產於歐洲與北美的落葉攀緣植物。會在5月開出白花，果實會從紅色轉變為黑色，並在6～7月成熟。也有分枝上沒有刺的品種。依照品種，可以分成直立型、橫向生長型等。

〔樹高〕1.5～3m（藤蔓長度）
〔花期〕5月

〔栽種方法〕
喜愛日照良好處，耐寒性也很強。由於長過果實的分枝會枯萎，所以要在冬天從接地處進行修剪，保留沒有枯萎的分枝。初夏時，要對變長的分枝前端進行修剪，保留約30公分。

〔花色〕白色
〔用途〕柵欄
〔修剪時期〕12～2月、6月

木香花
常綠
薔薇科

〔特徵〕
屬於常綠半攀緣植物，會比其他玫瑰更快開出白色的花。在溫暖地區，要很晚才會落葉。由於枝幹會往下垂成弓形，而且沒有刺，所以比其他蔓性玫瑰來得好種。也有花朵為黃色的黃木香花。

〔樹高〕4m（藤蔓長度）
〔花期〕4月

〔栽種方法〕
喜愛日照良好、土壤肥沃的場所。冬天時，要從根部將老舊分枝等剪掉，使其攀爬在柵欄等處上。開花後，要剪掉過長的分枝，抑制其生長範圍。

〔花色〕白色
〔用途〕柵欄、拱門
〔修剪時期〕12～2月、5～8月

花草圖鑑

花草是一項能夠華麗地點綴庭院，將季節感帶進庭院內的關鍵要素。因為能輕易地移栽、替換，所以花草也是園藝中的主角。

花草可以分成一年生植物與多年生植物。大約一年後，地上部分就會枯萎，所以不會逐漸長大。不過，當生長範圍逐年擴大時，就必須摘除不要的部分，或是進行分株。

另外，在花草當中，愈是看不到土壤，就會長得愈茂盛，並覆蓋土壤表面的植物叫做「地被植物」。藉由將土壤隱藏起來，就能避免地溫上昇與土壤流失。

一年生植物

洋甘菊（德國洋甘菊）

菊科

〔特徵〕
在春天會開出白色小花。花可以當成香草植物來使用。除了屬於一年生植物的德國洋甘菊以外，還有屬於多年生植物的果香菊。德國洋甘菊會透過掉落的種子來進行繁殖，而且每年都會開花。

〔栽種方法〕
喜愛日照良好處，有點不耐熱。因此，在栽種場所方面，夏天要選擇有樹蔭的地方。先準備排水性佳，且保水性良好的土壤，然後再播種。

〔草高〕30 ～ 60 cm
〔花期〕4 ～ 6 月
〔花色〕白色
〔播種時期〕9 ～ 10 月中旬

大波斯菊

菊科

〔特徵〕
會在纖細的莖與葉子上開出粉紅色的可愛花朵。不過，與外表相反，其性質很健壯，會透過掉落的種子，持續不斷地繁殖。除了白色、黃色、橘色等不同花色的品種以外，還有許多品種，像是會較早開花的品種等。

〔栽種方法〕
喜愛日照良好、排水性佳的場所。耐旱性強，所以種植在庭院內時，不必頻繁地澆水。另外生長範圍會逐年擴大，所以要適當地摘除。

〔草高〕40 ～ 110 cm
〔花期〕7 ～ 11 月
〔花色〕粉紅色、白色、橘色等
〔播種時期〕5 ～ 7 月

堇菜
堇菜科

〔特徵〕
會在晚秋到初夏開花的一年生植物，很受歡迎。接近原種的品種，以及花朵比圓三色堇小的品種，都叫做「堇菜」。每年都有人培育出各種新花色的品種，像是紫色、黃色等。

〔栽種方法〕
喜愛日照良好、排水性佳的場所。在挑選花苗時，比起已經開花的花苗，更要選擇帶有很多花蕾的花苗。只要摘除枯萎的花，就能讓花長期地持續綻放。

〔草高〕10 ～ 20 cm
〔花期〕10 ～ 5 月
〔花色〕黃色、紫色、粉紅色、白色等
〔移栽時期〕10 ～ 2 月

萬壽菊
菊科

〔特徵〕
花期很長，橘色的花會從春天開到晚秋。品種很多，有黃色、白色的，也有花瓣很密集的品種。近年來，除了賞花以外，為了預防線蟲，人們也會將其種植在家庭菜園內。

〔栽種方法〕
喜愛日照良好、排水性佳的場所。不會特別挑土壤。只要在花芽上將枯萎的花摘掉，就能讓花長期地持續綻放。在晚夏，只要將草修剪掉一半高度，秋天就會開出很多花。

〔草高〕15 ～ 90 cm
〔花期〕5 ～ 11 月
〔花色〕橘色、黃色、白色等
〔播種時期〕4 ～ 8 月

矢車菊
菊科

〔特徵〕
也被稱作「矢車草」，有花色不同的品種。自古以來就有人栽種。強壯而且照顧起來幾乎不費工夫，透過掉落的種子，就能輕易地繁殖。

〔栽種方法〕
喜愛日照良好、排水性佳的場所。由於會透過掉落的種子來繁殖，所以當數量增加後，要多留意過濕或缺水。另外，當生長範圍過大時，要適度地摘除。

〔草高〕30 ～ 100 cm
〔花期〕4 ～ 6 月
〔花色〕藍色、白色、粉紅色、深紫色
〔播種時期〕9 ～ 10 月

玉簪

百合科

〔特徵〕

屬於能讓人欣賞葉子的彩葉植物。葉子又大又茂盛，很有存在感。可以用來點綴半陰處。在 6 ～ 7 月開出的花也很美。從日本江戶時代起，就被栽培出許多品種，葉子的大小與顏色都很豐富。也被稱為「白萼」。

〔栽種方法〕

喜愛照不到午後陽光的半陰處與帶有濕氣的土壤。尤其是葉子中帶有淺色紋路的品種，一旦照射到強烈陽光，葉子就容易產生葉燒病（葉子組織因高溫而壞死），所以要多注意。

〔草高〕30 ～ 50 ㎝
〔花期〕6 ～ 9 月
〔花色〕淺紫色、白色
〔移栽時期〕10 ～ 11 月、3 月

聖誕玫瑰

毛茛科

〔特徵〕

會在花卉數量很少的冬季到春季開花，所以很珍貴。花經常會垂著開。人們已培育出許多品種，花色的種類很豐富。裂成手掌狀的葉子，也能當成庭院的綠意來欣賞。

〔栽種方法〕

喜愛樹蔭下等半陰處與帶有溼氣的土壤。開花後，花的中央會形成種子，要從莖的根部將花瓣摘下，改善整株花的生長情況。枯萎的葉子要適當地摘除。

〔草高〕30 ～ 60 ㎝
〔花期〕2 ～ 4 月
〔花色〕粉紅色、紅色、白色、綠色、暗紫色等
〔移栽時期〕10 ～ 3 月

鞘蕊花

唇形科

〔特徵〕

雖然在原產地是多年生植物，但在日本，會在冬天枯萎，所以被當成一年生植物。葉色種類豐富，包含黃色、綠色、暗紅色等。被人們種來欣賞葉子的顏色。在 6 ～ 10 月，會開出類似回回蘇的紫花。

〔栽種方法〕

喜愛日照良好、通風佳的場所。不過，由於強烈日照會導致葉子褪色，所以在盛夏時，要種在半陰處。為了讓葉子長得茂盛，所以要摘除花朵。

〔草高〕30 ～ 80 ㎝
〔花期〕6 ～ 10 月
〔葉色〕黃色、綠色、暗紅色、粉紅色等
〔移栽時期〕5 ～ 6 月

毛地黃

玄參科

〔特徵〕
莖會長到約 1 公尺高，前端會如稻穗般地長出很多鐘狀的花。有很多花色不同的品種。也被稱為「狐狸手套」。原本是多年生植物（宿根植物），但在溫暖地區，會在夏天枯萎。

〔栽種方法〕
喜愛日照良好、排水性佳的場所。由於討厭夏天的陽光，所以夏天要種植在半陰處。開完花後，只要將花莖切除，就能再次開花。

〔草高〕60 ～ 100 cm
〔花期〕5 ～ 7 月
〔花色〕白色、粉紅色、紫色等
〔移栽時期〕11 月

打破碗花花（貓爪草）

毛茛科

〔特徵〕
在秋天開花。現在人們所種植的花，有許多都是在歐洲被栽培出來的品種。細小的莖上會開出白色或粉紅色的花。也有重瓣與高度較低的品種。

〔栽種方法〕
雖然喜愛日照良好的場所，但在半陰處也能生長。討厭夏天的陽光，所以夏天要種在半陰處。開完花後，只要將莖的根部切除，花就不會變得衰弱。

〔草高〕60 ～ 100 cm
〔花期〕9 ～ 11 月
〔花色〕白色、粉紅色
〔移栽時期〕3 ～ 5 月、9 ～ 10 月

白芨

蘭科

〔特徵〕
莖的最前端會開出紫色的花。由於葉子很尖銳，姿態很美，所以在沒有開花的時期也能欣賞。種植數年後，株數會增加，生長範圍也會擴大。也有花色為白色、葉子帶有白色的品種。

〔栽種方法〕
雖然在向陽處也能生長，但為了避開午後陽光，所以要種植在帶有濕氣的半陰處。在栽培上不費工夫，種下後，如果繁殖過多的話，就要進行分株。

〔草高〕30 ～ 60 cm
〔花期〕5 ～ 7 月
〔花色〕紫色、白色
〔移栽時期〕3 ～ 4 月、10 ～ 11 月

大吳風草
菊科

〔特徵〕
自古以來就被種植在日式庭園內的多年生植物。對於乾燥地區與陰涼處的耐性很強，在庭院北側、建築物的半陰處等，對於植物來說很嚴苛的環境也能生長。葉子呈現帶有光澤的深綠色，也有葉子帶有紋路的品種。莖部會長得很長，開出黃色的花。

〔栽種方法〕
喜愛排水良好的場所。一旦照射到直射陽光，就可能會發生葉燒病，所以要種植在半陰處。生長能力旺盛，如果種植數年後，生長範圍變得過大，就要進行分株。

〔草高〕30 ～ 40 ㎝
〔花期〕10 ～ 11 月
〔花色〕黃色
〔移栽時期〕4 ～ 5 月、9 ～ 10 月

石竹
石竹科

〔特徵〕
石竹類植物的總稱。被培育出了很多品種，也有花色不同的品種。許多品種的花瓣邊緣，都呈現鋸齒狀。照片中的長萼瞿麥是日本知名的秋季七草之一。

〔栽種方法〕
喜愛日照良好與排水性佳的場所。開完花後，要將枯萎的花摘除，改善花的生長情況。花一旦混雜在一起，花株內就會變得悶熱，所以要適當地減少株數，改善通風。

〔草高〕10 ～ 60 ㎝
〔花期〕4 ～ 6 月
〔花色〕粉紅色、紅色、白色、黃色
〔移栽時期〕3 ～ 5 月、9 ～ 10 月

知風草
禾本科

〔特徵〕
日本產的觀葉用多年生植物。生長能力旺盛，細長的葉子長得很茂盛。隨著涼風搖曳的模樣令人印象深刻。花和變黃的葉子都是金黃色。也有人栽培出黃葉中帶有綠色葉脈的品種。

〔栽種方法〕
喜愛排水良好的場所。由於照射到強烈日光後，葉子就會褪色，所以要種植在半陰處。葉子一旦變得混雜，就會因悶熱而枯萎，所以要從根部，將混雜部分剪除。

〔草高〕50 ～ 70 ㎝
〔花期〕8 ～ 10 月
〔花色〕白色
〔移栽時期〕3 ～ 4 月

錦葵

錦葵科

〔特徵〕
屬於多年生植物，知名的香草植物。初夏時會開出顏色介於粉紅色與深紫色之間的花。花的部分可以用來泡花草茶，只要加入檸檬汁，就會從藍色變成粉紅色。一般說到錦葵時，指的是照片中的錦葵（Malva sylvestris）。

〔栽種方法〕
喜愛日照良好與排水性佳的場所。在春天或秋天，要以 40 ～ 100 公分的間隔來播種。葉子一旦變得混雜，就要將葉子摘除，改善通風。只要葉子有照射到陽光，就容易開花。

〔草高〕100 ～ 150 cm
〔花期〕4 ～ 6 月
〔花色〕深紫色、粉紅色
〔播種時期〕3 月、9 月

葡萄風信子（串鈴花）

百合科

〔特徵〕
花莖伸長後，其前端會密集地長出紫色的鐘狀花。由於花很像葡萄，所以被稱作「葡萄風信子」。是能夠用來點綴春天花圃的珍貴植物，包含了花色為藍色、白色等的品種。

〔栽種方法〕
喜愛日照良好、排水性佳的場所。體質健壯，栽種時不費工夫，種植在庭院內，不必澆水與施肥。花株會逐漸增加，所以最好要進行分株。

〔草高〕10 ～ 30 cm
〔花期〕4 ～ 5 月
〔花色〕紫色、藍色、白色
〔移栽時期〕10 ～ 12 月中旬

野草莓

薔薇科

〔特徵〕
野生種草莓的特徵為，三片葉子與小花。會將匍匐莖的莖伸長，在地面攀爬，擴大生長範圍。近年很受歡迎的地被植物。果實有香氣與甜味，可用來製作果醬等。

〔栽種方法〕
喜愛日照良好、排水性佳、通風良好的場所。雖然耐寒，在半陰處也能生長，不過為了欣賞果實與花，還是要種在日照良好的場所。生長範圍變得過大時，要適度地摘除。

〔草高〕15 ～ 30 cm
〔花期〕3 ～ 7 月、9 ～ 10 月
〔花色〕白色
〔移栽時期〕4 ～ 5 月、9 ～ 10 月

Column 3

吸引鳥類的庭院

許多小鳥會飛到庭院內，尋找昆蟲與果實或築巢。有許多客人都跟我們說：「自從改成有機花園的管理方式後，庭院內就飛來了各種鳥類。」

在整理庭院時，會看到綠繡眼以舔食的方式來捕食樹木上的蚜蟲，也會看到日本山雀口中叼著好幾隻青蟲，準備送給雛鳥。我們認為，藉由讓鳥類來到庭院，可以很有效地避免葉子遭受蟲害。另外，在玄關旁的黑櫟上，栗耳短腳鵯會在較低的地方築巢，盛夏時則會在此孵卵。在這種情況下，要避免進行強剪，盡量將鳥巢隱藏起來。

美國有個學者曾經研究，對於植物生長最有效的聲音是什麼。其研究結果為——黎明的鳥類合唱。在天剛亮時，各種鳥類一起鳴叫的聲音……植物應該覺得這種聲音很好聽吧！若是那樣的話，能夠吸引許多鳥類前來的庭院，就是一個令人放心的環境，也可以說是舒適的庭院。

栗耳短腳鵯正在黑櫟的約 1.8 公尺高處築巢。

Part 4

雜草與昆蟲的欣賞法與對策

對於有機花園來說，雜草與昆蟲是不可或缺的存在。只要好好地認識這些生物，有機花園就會變得生氣蓬勃。

「雜草圖鑑」各個項目的觀看方式

匍匐型雜草 …… A

B …… **金錢薄荷**

唇形科 活血丹屬 …… C

鋸齒狀的圓葉很可愛。繁殖能力強到會穿過圍牆。也有帶有斑點的園藝品種「斑葉金錢薄荷」。 …… D

E 多年生植物／原生物種

〔草高〕5～25 cm
〔花期〕4～5月
〔出現場所〕排水性佳的向陽處或半陰處。

〔對策〕
只要用力一拉，就容易拔出來。也可當地被植物來利用。 …… F

A 植物種類

透過「匍匐型雜草（長得不高，在地面附近生長的類型）、細長葉（葉子很細長的類型）、圓葉雜草（葉子很圓的類型。或是在草坪中特別顯眼的類型）、其他類型（攀緣性雜草與著地叢葉型等）」依照這些種類來分類與標示。

B 植物名稱

記載一般常用的名稱。經常使用的別名會記載在（ ）內。

C 科名・屬名

記載植物分類學上的科、屬的名稱。

D 特徵・應對方式

解說雜草的特徵與在有機花園內的應對方式等。

E 植物的特性與原生物種・外來物種的種類

記載該植物為一年生植物或多年生植物等事項，以及屬於原生物種或外來物種。

F

［對策］記載在有機花園內能有效對付該雜草的方法。
［草高］記載草的高度。由於高度會隨著地區、環境、年份而有所不同，所以此數值終究只是大致上的基準。
［花期］以日本關東地區為基準，記載著開花時期。花期會隨著地區、環境、年份而有所差異。
［出現場所］記載植物所出現的場所。

「昆蟲圖鑑」各個項目的觀看方式

瓢蟲 …… G

H **黑緣紅瓢蟲**

瓢蟲科 …… I

〔出現場所〕會出現球形介殼蟲的植物
〔出現時期〕4～10月
〔食物〕球形介殼蟲
〔天敵〕寄生蜂等 …… K

宛如紅寶石般美麗的瓢蟲，大小約6～7㎜。幼蟲與成蟲都會吃常出現在梅樹上的球形介殼蟲。由於幼蟲與蛹的外表看起來會刺人，又很怪異，所以看起來像「害蟲」，經常被誤殺。 …… J

G 昆蟲種類

標出相同的昆蟲種類。

H 昆蟲名稱

記載一般熟知的名稱。有時不會一一列舉各昆蟲的詳細名稱。

I 科名

記載分類學上的科名。

J

解說昆蟲的特徵，以及該昆蟲在有機花園內的任務與應對方式等。

K

［出現場所］記載昆蟲容易出現的場所。
［出現時期］以日本關東地區為基準，記載昆蟲出現的時期。出現時期會隨著地區、環境、年份而有所差異。
［食物］記載該昆蟲會吃什麼。
［天敵］記載該昆蟲的天敵。

雜草圖鑑

記載庭院內經常看到的47種雜草。希望大家能夠了解雜草的特性與應對方式，好好地對待雜草。

苔蘚植物

雖喜愛潮濕地帶，但依照種類，也有耐旱性很強的品種。即使在噴灑了除草劑的土地上，也容易生長。由於具備殺菌作用，所以經常被用來當作鳥類的築巢材料。

多年生・一年生植物／原生物種・外來物種

〔出現場所〕潮濕的地方、乾燥的地方

〔對策〕

除去不要的殘土。若是草坪的話，則撒上一層薄薄的沙子，愈薄愈好。

蕨類植物

喜愛潮濕的陰涼處。很常在常綠樹長得很茂盛的庭院內見到。種植一些的話，就能成為庭院的特色。不過，由於會透過孢子來不斷繁殖，所以必須多加注意。

多年生・一年生植物／原生物種・外來物種

〔出現場所〕

潮濕的陰涼處

〔對策〕

由於用手拔不起來，所以要用鏟子將根部挖起，或是切除地上部分。

匍匐型雜草

金錢薄荷

唇形科　活血丹屬

鋸齒狀的圓葉很可愛。繁殖能力強到會穿過圍牆，所以日文稱其為「垣通し（即穿牆之意）」。也有帶有斑點的園藝品種「斑葉金錢薄荷」。

多年生植物／原生物種

〔草高〕5～25 ㎝

〔花期〕4～5月

〔出現場所〕排水性佳的向陽處或半陰處。

〔對策〕

只要用力一拉，就容易拔出來。也可當地被植物來利用。

酢漿草

酢漿草科 酢漿草屬

喜愛日照良好，且稍微乾燥的略硬地面。繁殖能力很強，在不知不覺之間會不斷地繁殖，所以要多加注意。一旦長在草坪上，會特別難對付。

多年生植物／原生物種

〔草高〕10～30 ㎝

〔花期〕5～10月

〔出現場所〕日照良好，且略為乾燥的地方。

〔對策〕

即使用力拉，也只能拔出地上部分。要使用小鐮刀來切除根部。

白三葉草

豆科 三葉草屬

既能當作防止雜草生長的地被植物，又能與根瘤菌共生，將空氣中的氮固定在土壤中。在貧瘠的土地上也能繁殖。

多年生植物／外來物種

〔草高〕15～30 ㎝

〔花期〕5～7月、9～10月

〔出現場所〕日照良好處

〔對策〕

由於能使土壤變得肥沃，所以除非不想讓其在此生長，否則就只需順其自然。

鐵馬鞭

豆科 胡枝子屬

喜愛日照良好，且開闊的乾燥場所。容易生長在草地、開發地、草坪等處。能夠將空氣中的氮固定在土壤中。

多年生植物／原生物種
〔草高〕50～80 cm
〔花期〕7～9月
〔出現場所〕日照良好的乾燥處

〔對策〕
用力拔除地上部分，使其無法進行光合作用。

馬齒莧

馬齒莧科
馬齒莧屬

耐旱性強，能夠在花圃與菜園等日照良好的乾燥土壤內生長。據說這種植物，能夠很有效率地吸收空氣中的二氧化碳。

一年生植物／原生物種
〔草高〕5～15 cm
〔花期〕7～9月
〔出現場所〕日照良好處

〔對策〕
拔出就會將好不容易固定住的養分從土壤中取出，所以也可以繼續保持原狀也無妨。

蛇莓

薔薇科 蛇莓屬

在日照良好處與半陰處皆能生長。黃色的小花很可愛。紅色果實看起來美味，但吃了可能會很失望。

多年生植物／原生物種
〔草高〕約 10 cm
〔花期〕4～6月
〔出現場所〕日照良好處、半陰處

〔對策〕
由於也能當作地被植物，所以如果空間允許的話，就保持原狀吧。

天胡荽

繖形科 天胡荽屬

容易生長在因人類走過而凹陷的草坪等處。只要生長在草坪內，就會不斷地繁殖，去除起來會很辛苦。全年都會生長。

多年生植物／原生物種
〔草高〕約 10 cm
〔花期〕6～10月
〔出現場所〕
略為潮濕的地方

〔對策〕
透過混有沙子的土壤將低窪處填平。或是在要走的地方鋪上平板磚。

虎耳草

虎耳草科 虎耳草屬

生長在不太會有人走的潮濕陰涼處。從葉子中揉出的汁液，可用來治療傷口與蚊蟲咬傷。將嫩葉做成天婦羅很好吃。

多年生植物／原生物種
〔草高〕20～50 cm
〔花期〕5～7月
〔出現場所〕
略為潮濕的地方

〔對策〕
只是附著在土壤上，所以可以輕易拔除。

鴨跖草

鴨跖草科 鴨跖草屬

喜愛略為潮濕的地方。在陰涼處與向陽處皆能生長。早上開花，午後凋謝。會透過自花授粉、異花授粉、匍匐莖來進行繁殖，所以繁殖能力很強。

一年生植物／原生物種
〔草高〕30～50 cm
〔花期〕6～10月
〔出現場所〕略為潮濕處、陰涼處、向陽處

〔對策〕
出乎意料地容易拔起。

細長葉雜草

升馬唐．牛筋草

禾本科 馬唐屬．䅟屬

不挑場所。在空地等處，也可能會長到約 1 公尺高。只要將高度修剪成一樣高，就會成為比草坪更富有野趣的綠意。

一年生植物／原生物種
〔草高〕10～50 cm（偶爾 1m）
〔花期〕7～11月（升馬唐）、8～10月（牛筋草）
〔出現場所〕不挑場所

〔對策〕
用力握住接地處的根部，然後拔出。牛筋草會比較難拔一點。

圓葉雜草

車前草

車前科 車前屬

經常生長在人類會行走的堅硬土壤上。很耐踩。常被用於製作中藥。由於高度不高，所以也可以將其當作覆蓋物。

多年生植物／原生物種
〔草高〕10～20 cm
〔花期〕3～11 月
〔出現場所〕人類行走的地方

〔對策〕
雖然可以輕易拔除，但是根部會附著土壤，所以要注意，拔出後不要讓地面凹陷。

黃鶴菜

菊科 黃鶴菜屬

雖然喜愛略為乾燥的地方，但能適應的範圍很大。經常生長在日照不佳且較為寬闊的場所，像是庭院北側的砂礫步道等處。莖與葉子會流出白色汁液。

越冬生植物／原生物種
〔草高〕10～100 cm
〔花期〕4～11 月
〔出現場所〕略為乾燥的地方等

〔對策〕
只要抓住根部用力拉，就能輕鬆地拔起。

長鬃蓼

蓼科 蓼屬

在日照良好處與半陰處都能生長。據說具有淨化土壤的作用。即使在小花瓶中插一朵花，也能呈現野趣，而且很可愛。

一年生植物／原生物種
〔草高〕20～50 cm
〔花期〕6～10 月
〔出現場所〕日照良好處、半陰處

〔對策〕
因是一年生植物，所以要在種子掉落地面前，從接地處將其切除。根部很容易拔除。

狗尾草

禾本科 狗尾草屬

喜愛日照良好處的一年生植物。據說是小米這種穀類的祖先。包含了大狗尾草、金色狗尾草等各種品種。

一年生植物／原生物種
〔草高〕30～80 cm
〔花期〕8～10 月
〔出現場所〕日照良好處

〔對策〕
只要用小鐮刀將根部的土壤翻鬆，就能輕易拔起。

芒草

禾本科 芒屬

只要是乾燥區域的話，無論陽光多寡，也不管土壤是酸性還是鹼性，在哪裡都能生長。由於是多年生植物，所以就算置之不理，也會長高。

多年生植物／原生物種
〔草高〕150～200 cm
〔花期〕8～10 月
〔出現場所〕乾燥處

〔對策〕
要趁草還很小時拔除。一旦長很大，就算用鏟子挖，也會很辛苦。

長莢罌粟

罌粟科 罌粟屬

果實呈細長狀，所以因而有「長莢」之名。喜愛鹼性土壤，也會生長在混凝土的裂縫中。近年來，數量一直增加。

越冬生植物／外來物種
〔草高〕20～60 cm
〔花期〕4～5月
〔出現場所〕鹼性土壤

〔對策〕
靠果實來繁殖，所以在結出果實前，將地上部分割除。

羊蹄

蓼科 酸模屬

生長在較為潮濕的堅硬土壤上，會透過宛如牛蒡的根來將土壤翻鬆。是許多昆蟲愛吃的食物，能夠使生態系統變得豐富。具備媲美園藝品種的存在感。

多年生植物／原生物種
〔草高〕50～100 cm
〔花期〕6～8月
〔出現場所〕略為潮濕處

〔對策〕
在長出花前用鏟子挖掉。經過數年後，整株草也可能會變小。

薺菜

十字花科 薺菜屬

屬於日本春季七草之一。生長於日照良好的肥沃土壤。即使稍微有些陰涼處，也能生長。人們常說，長很多薺菜的地方，就表示土質很好。

越冬生•二年生植物／原生物種
〔草高〕10～30 cm
〔花期〕3～6月
〔出現場所〕日照良好的肥沃處

〔對策〕
宛如牛蒡的根難以拔起。要先用小鐮刀，將根部的土翻鬆後再拔除。

堇菜類

堇菜科 堇菜屬

在日照與土質等方面，不太有限制。比較不會生長在土壤柔軟處、其他草長得又高又茂盛的地方。會透過螞蟻來播種，進行繁殖。

多年生植物／原生物種•外來物種
〔草高〕約 10 cm
〔花期〕3～5月
〔出現場所〕不挑場所

〔對策〕
在花產生種子前，用小鏟子挖起。

大薊

菊科 薊屬

雖然會開出很美的花，但有刺，碰到會很痛。即使是陰涼處，只要是通風良好的開闊場所，就會簇生。不會生長在有噴灑農藥的地方。

多年生植物／原生物種
〔草高〕50～100 cm
〔花期〕5～8月
〔出現場所〕半陰處、向陽處

〔對策〕
如果不礙事的話，就保持原狀吧！要是無論如何都想清除的話，就從根部挖掉。

西洋蒲公英

菊科 蒲公英屬

喜愛弱酸性土壤與向陽處。特別喜愛堅硬的土壤、夾雜砂礫的土壤、被踩得很硬的地方等。會透過宛如牛蒡的根來將土壤翻鬆。

多年生植物／外來物種
〔草高〕2～15 cm
〔花期〕3～6月、9～11月
〔出現場所〕弱酸性土壤、日照良好處

〔對策〕
很難拔除根部。在產生種子前，只把地上部分拔出的話，其數量就會減少。

王瓜

葫蘆科 栝樓屬

屬於攀緣性雜草，分成雄株與雌株。只有雌株會結果實。將朱紅色的大果實裝飾在家中，也別有一番情趣。常見於灌木叢與樹林周圍。

多年生植物／原生物種
〔草高〕3～5 m
〔花期〕7～9月
〔出現場所〕灌木叢、樹林周圍

〔對策〕
在果實尚未裂開掉落地面前，將地上部分摘除。

救荒野豌豆

豆科 野豌豆屬

生長在日照良好處、開闊處等地。雖然屬於攀緣性雜草，但不會纏繞得很長。因為是豆科植物，所以能將氮固定在土壤中。

一年生•越冬生植物／原生物種或外來物種
〔草高〕10～30 cm
〔花期〕3～6月
〔出現場所〕日照良好處

〔對策〕
既能改良土壤，而且花也很可愛，所以如果不在意的話，可以保持原狀。

葛

豆科 葛屬

葉子很大，會透過藤蔓伸展覆蓋到任何地方。常見於山麓、河灘等未經人工開發的地方。也能成為葛根湯這種中藥的材料。

多年生植物／原生物種
〔草高〕約10 m
〔花期〕7～9月
〔出現場所〕不挑場所

〔對策〕
如果置之不理的話，就會變得很難對付，所以要辛勤地摘除地上部分。

鼠麴草

菊科 鼠麴草屬

雖然適應能力強，不挑場所，但不太會生長在經常有人行走的場所。全身都會被白色的毛覆蓋，黃色的花很可愛。

越冬生•二年生植物／原生物種
〔草高〕15～30 cm
〔花期〕4～6月
〔出現場所〕草坪等

〔對策〕
長在草坪上時，如果不連根去除的話，草坪會變得衰弱。

春飛蓬·一年蓬

菊科 飛蓬屬

乍看之下，春飛蓬和一年蓬會很難分辨。雖然喜愛向陽處，但因為除草劑的過度使用而使其產生了抗藥性，變得在任何地方都能生長。

生長類型有很多種／外來物種
〔草高〕30～150 cm
〔花期〕3～7月（春飛蓬）、5～10月（一年蓬）
〔出現場所〕不挑場所

〔對策〕
要趁其還沒長大前，握住莖以下的部分，將其拔除。

貓耳菊

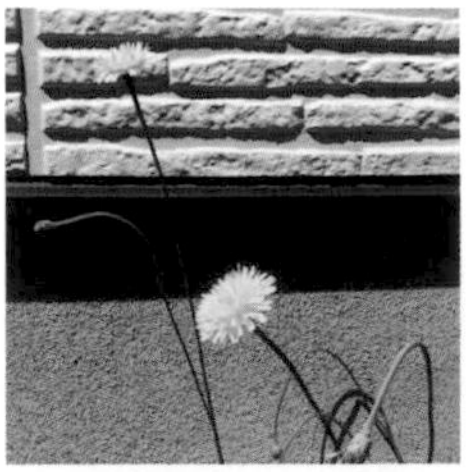

菊科 貓耳菊屬

基本上，不挑土質。伸長的莖部前端會開花。會生長在荒蕪的空地、住宅北側等不太有人行走的地方。

多年生植物／外來物種
〔草高〕50～80 cm
〔花期〕6～9月
〔出現場所〕不挑土質

〔對策〕
用力拉就能輕易拔除。只要根部還在，就會像不死鳥那樣地復活。

其他

赤藜・白藜

藜科　藜屬

喜愛田地、荒地、空地。頂部為白色的品種是白藜，紅色的品種則是赤藜。據說，可以幫助白蘿蔔與胡蘿蔔生長，預防番茄園的蟲害。

一年生植物／
原生物種(史前歸化植物)
〔草高〕60～150 cm
〔花期〕9～10月
〔出現場所〕田地、荒地、空地

〔對策〕
一旦變大，就很難拔除，所以要趁早拔除。

旋花

旋花科　旋花屬

屬於攀緣植物，生長在日照良好處，白天會開出可愛的淡粉紅色花朵。繁殖能力旺盛，只要土壤中有殘留一點根莖，芽就會從該處長出。

多年生植物／原生物種
〔草高〕1～2m
〔花期〕6～9月
〔出現場所〕日照良好處

〔對策〕
長了葉子後，立刻將地上部分摘除，使其無法光合作用。

龍葵

茄科　茄屬

是會啃蝕茄科植物的馬鈴薯瓢蟲，所喜愛的植物，只要種植在菜園內，就能防止茄科植物遭受蟲害。由於是深根性植物，所以會將土壤翻鬆。不過，由於此植物有毒，所以要多加留意。

一年生植物／原生物種
〔草高〕30～60 cm
〔花期〕8～11月
〔出現場所〕不挑場所

〔對策〕
由於根部不易挖除，所以要割除地上部分。

雞矢藤

茜草科　雞矢藤屬

只要搓揉或是用力磨，就會產生臭味。經常纏繞在日照良好的空地、柵欄、鐵絲網。在夏天，花會成為昆蟲們的花蜜來源。

多年生植物／原生物種
〔草高〕2～3m
〔花期〕7～9月
〔出現場所〕日照良好處

〔對策〕
要盡早發現，用力拔除。一旦纏繞在鐵絲網上，就會特別難對付，所以要多加注意。

牛膝

莧科　牛膝屬

陰涼型牛膝喜愛潮濕的陰涼處，向陽型牛膝則喜愛向陽處。由於花也是綠色的，不顯眼，所以不太會被注意到。其種子很容易附著在其他東西上。

多年生植物／
原生物種(史前歸化植物)
〔草高〕50～100 cm
〔花期〕8～10月
〔出現場所〕陰涼、向陽處

〔對策〕
只要用力拉就可以拔除。

烏蘞莓

葡萄科　烏蘞莓屬

五片葉子的大小皆不同，宛如鳥類的腳，所以又叫五爪龍。主要會在陰涼處發芽，朝著向陽處生長。要是纏繞在樹上，將樹木完全覆蓋，該樹木就會枯萎。

多年生植物／原生物種
〔草高〕2～3m
〔花期〕6～9月
〔出現場所〕不挑場所

〔對策〕
每年都要從接地處進行修剪。或是將藤蔓捲成花籃狀，並擺在地上。

加拿大一枝黃花

菊科 一枝黃花屬

生長在日照良好的開闊場所。透過本身的化感作用，數量很穩定。也會被當成插花材料，即將開花前的花蕾也能做成入浴劑。

多年生植物／外來物種
〔草高〕100 ～ 150 cm
〔花期〕10 ～ 11 月
〔出現場所〕日照良好的開闊場所

〔對策〕
拔除工作出乎意料地簡單。拔不起來的時候，要從接地處割除。

阿拉伯婆婆納

玄參科 婆婆納屬

雖喜愛日照良好處，但在開闊的陰涼處也能生長。花是藍色的，非常可愛。食蚜蠅的成蟲很喜愛此植物的花蜜。

一年生・二年生植物／外來物種
〔草高〕10 ～ 25 cm
〔花期〕2 ～ 6 月
〔出現場所〕日照良好處、開闊的陰涼處

〔對策〕
不會生長在土壤堅硬處，所以能夠輕易拔出。

還亮草

毛茛科 翠雀屬

喜愛日照良好處或是開闊半陰處的柔軟土壤。淡紫色的花帶有尾巴。因為葉子外型類似芹菜，所以日文名稱中含有「芹葉（セリバ）」二字。

一年生植物／外來物種
〔草高〕20 ～ 70 cm
〔花期〕3 ～ 5 月
〔出現場所〕日照良好處

〔對策〕
只要隨意地捏住，就能拔起。

紫茉莉

紫茉莉科 紫茉莉屬

雖然生長在日照良好處，但要等到黃昏後才會開花。花色有深粉紅、黃色，有時也會開出雙色交錯的花。

一年生植物・多年生植物／外來物種
〔草高〕60 ～ 100 cm
〔花期〕7 ～ 11 月
〔出現場所〕日照良好處

〔對策〕
會從混凝土的裂縫中長出來，所以要將地上部分拔掉。

魚腥草

三白草科 蕺菜屬

生長在人跡罕至的潮濕陰涼處或半陰處。四片純白的花萼長得像花瓣。帶有難以言喻的苦澀氣味。

多年生植物／原生物種
〔草高〕15 ～ 40 cm
〔花期〕5 ～ 7 月
〔出現場所〕帶有溼氣的陰涼處～半陰處

〔對策〕
透過根莖來繁殖，所以要很有耐心地翻土，將其去除。

問荊

木賊科 木賊屬

喜愛略帶酸性的土壤。生長在表面乾燥的地方。犬問荊則會生長在潮濕處。含有大量鈣質，枯萎後能夠中和酸性土壤。

孢子繁殖／原生物種
〔草高〕20 ～ 40 cm
〔出現場所〕略帶酸性的土壤

〔對策〕
在 4 ～ 5 月，從接地處割除。反覆進行這項修剪工作約 3 年後，植物就會變得衰弱。

鴨兒芹

繖形科 鴨兒芹屬

生長在略為潮濕的陰涼處。與市面上所販售的水培生產的鴨兒芹相比，香味較強烈，但葉子很硬，莖也很粗壯。在 6 ～ 7 月會開出小白花。

多年生植物／原生物種
〔草高〕40 ～ 50 cm
〔花期〕6 ～7 月
〔出現場所〕略為潮濕的陰涼處

〔對策〕
由於根部很扎實，所以要用小鐮刀來挖除。

繁縷

石竹科 繁縷屬

生長在帶有濕氣的半陰處。喜愛土壤軟硬適中的肥沃場所。在 3 ～ 9 月，會不斷地開出小白花。

越冬生植物／原生物種・外來物種
〔草高〕10 ～ 20 cm
〔花期〕3 ～ 9 月
〔出現場所〕帶有濕氣的半陰處

〔對策〕
除草工作很簡單，用手就能輕鬆拔除。

美洲商陸

商陸科 商陸屬

喜愛略為陰涼的地方。不太會生長在柔軟的土壤上。外型非常美。暗紅色的果實汁液一旦沾到衣服上，就洗不掉。因為有毒，所以不能吃。

多年生植物／外來物種
〔草高〕1 ～ 2 m
〔花期〕6 ～ 10 月
〔出現場所〕略為陰涼的地方

〔對策〕
抓住莖的下半部，將其拔出。當地面很硬時，要在結果實前，從接地處切除。

圓齒野芝麻

唇形科 野芝麻屬

會在日照良好的開闊草地上簇生。經常出現在初春的田地或廢耕地等處。生命力很強，甚至會從連鎖磚的縫隙中長出。所開出的粉紅色花朵，像一位戴著斗笠的舞孃。

越冬生・二年生植物／外來物種
〔草高〕10 ～ 25 cm
〔花期〕3 ～ 5 月
〔出現場所〕日照良好的開闊草地

〔對策〕
可以輕易地用手拔除。

魁蒿

菊科 蒿屬

生長在酸性土壤中。容易吸引蚜蟲。葉子的形狀有很多種，富有變化，適應環境的能力很強。氣味很香，也可當作針灸與草餅的材料。

多年生植物／原生物種
〔草高〕50 ～ 120 cm
〔花期〕9 ～ 10 月
〔出現場所〕酸性土壤

〔對策〕
根部很頑強，可以使用小鏟子或鐵鍬，從根部挖除。

寶蓋草

唇形科 野芝麻屬

喜愛日照良好的肥沃場所。從初春就會開出粉紅色的花。雖然容易感染白粉病，但這種病與樹木會感染的白粉病不同。

越冬生植物／原生物種
〔草高〕10 ～ 30 cm
〔花期〕3 ～ 6 月
〔出現場所〕日照良好的肥沃場所

〔對策〕
根部出乎意料地扎實，所以要藉由挖掘土壤來拔除。

昆蟲圖鑑

介紹庭院內常見的41種昆蟲。只要了解出現場所、出現時期、天敵等，就能在打造有機花園時發揮作用。

瓢蟲

黑緣紅瓢蟲

瓢蟲科

宛如紅寶石般美麗的瓢蟲，大小約 6 ～ 7 ㎜。幼蟲與成蟲都會吃常出現在梅樹上的球形介殼蟲。由於幼蟲與蛹的外表看起來會刺人，又很怪異，所以看起來像「害蟲」，經常被誤殺。

〔出現場所〕會出現球形介殼蟲的植物
〔出現時期〕4 ～ 10 月
〔食物〕球形介殼蟲
〔天敵〕寄生蜂等

柯氏素菌瓢蟲（黃瓢蟲）

瓢蟲科

主要會吃紫薇、大花四照花等樹木上的白粉病病菌。如果不使用農藥的話，也會出現在都市的庭院內。大小只有 3 ㎜，所以即使出現，也很難察覺。幼蟲與蛹都是黃色，外型略為怪異，所以容易被誤認為「害蟲」。

〔出現場所〕罹患白粉病的樹木
〔出現時期〕4 ～ 10 月
〔食物〕白粉病病菌

七星瓢蟲（幼蟲）

瓢蟲科

在略帶灰色的黑底上，有朱紅色的斑點，外型奇特。常見於花圃與開闊的草地。如果身體的朱紅色不是斑點，而是兩側腹部上的紅色條紋的話，那就是異色瓢蟲的幼蟲。由於幼蟲沒有翅膀，所以會留下來捕食蚜蟲。

〔出現場所〕有蚜蟲的地方，像是花草等處
〔出現時期〕3～11月（8月會減少）
〔食物〕主要為蚜蟲

七星瓢蟲

瓢蟲科

在日本，平常隨處可見。大概是飛行能力比異色瓢蟲差吧，所以比起樹上的蚜蟲，更喜愛花草上的蚜蟲。雖然會以成蟲的姿態過冬，但其實在盛夏時，也會進行夏眠。一旦察覺到危險，腳部之間就會分泌出黃色液體。

〔出現場所〕有蚜蟲的地方，像是花草等處
〔出現時期〕3～11月（8月會減少）
〔食物〕主要為蚜蟲

異色瓢蟲

瓢蟲科

會捕食主要出現在樹上的蚜蟲。顏色與花紋富有變化，即使花紋不同，只要都是異色瓢蟲，就能進行交配。成蟲的壽命約為 2 個月，出生在秋天的成蟲，在過冬時會保持成蟲的模樣。

〔出現場所〕有蚜蟲的地方，像是花草等處。
〔出現時期〕3～11月（8月會減少）
〔食物〕主要為蚜蟲
〔天敵〕肉食性的椿象、寄生蜂等

柑橘鳳蝶（幼蟲）

鳳蝶科

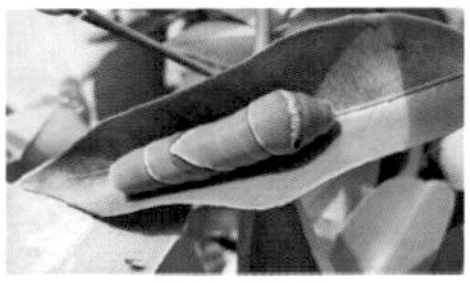

〔出現場所〕橘子等柑橘類、胡椒木等
〔出現時期〕3～10月
〔食物〕
柑橘類與胡椒木的葉子
〔天敵〕具捕食性的蜜蜂等

一般提到鳳蝶的話，指的就是柑橘鳳蝶。會啃蝕柑橘類與胡椒木的葉子。只要到了五齡（終齡），外型就會變得有如滑稽蛇。天敵除了具有寄生性的姬蜂以外，還有鳥類、螳螂等。用免洗筷夾起，進行撲殺。

四斑裸瓢蟲

瓢蟲科

〔出現場所〕
罹患白粉病的植物
〔出現時期〕4～10月
〔食物〕白粉病病菌

有14個花紋，宛如艾米里．加利（Émile Gallé）的玻璃工藝品。在嚴重罹患白粉病的植物上，會不停地捕食病菌。雖然在日本到處可見，但體長較小，僅有約4㎜，而且動作靈敏，所以較難發現。

紋白蝶（幼蟲）

粉蝶科

〔出現場所〕
十字花科的植物等
〔出現時期〕5～11月
（主要為5～6月）
〔食物〕上述植物的葉子
〔天敵〕菜蝶絨繭蜂、鳥類、蜜蜂等

會啃蝕十字花科的植物、天竺葵、芝麻菜、醉蝶花等。樹木不會遭受啃蝕。只要種植薰衣草、迷迭香、西洋芹等植物，就能減少損失。同時種植苜蓿的話，就不容易出現紋白蝶。

蝴蝶

黃鳳蝶（幼蟲）

鳳蝶科

〔出現場所〕胡蘿蔔的葉子、明日葉、水芹等
〔出現時期〕3～11月
〔食物〕上述植物的葉子與嫩芽
〔天敵〕具捕食性的蜜蜂等

會吃胡蘿蔔、鴨兒芹、荷蘭芹、茴香、蒔蘿等葉子。因此，對於喜愛家庭菜園與香草植物的人來說，這種蟲很討厭。由於終齡幼蟲的食欲很旺盛，所以要趁幼蟲還小時，就找出來消滅掉。天敵包含具捕食性的蜜蜂、鳥類、螳螂、青蛙、蜥蜴、蜈蚣等。

蜜蜂

長腳蜂

胡蜂科

〔出現場所〕
樹枝與屋簷下等
〔出現時期〕3～11月
〔食物〕活的昆蟲、蟲卵、幼蟲

只要不觸摸、敲打蜂巢的話，就沒有攻擊性。長腳蜂會將青蟲等當成肉丸子，帶回蜂巢，所以啃蝕葉子的昆蟲會大幅減少。盡量地保留蜂巢。由於蜜蜂對香水與頭髮造型品（髮蠟、髮膠等）的氣味很敏感，所以前往庭院時要多加注意。

黑鳳蝶（幼蟲）

鳳蝶科

〔出現場所〕橘子等柑橘類、胡椒木等
〔出現時期〕4～9月
〔食物〕柑橘類與胡椒木的葉子
〔天敵〕具捕食性的蜜蜂等

會啃蝕橘子、酢橘、香橙等柑橘類，以及胡椒木等植物的葉子。比柑橘鳳蝶的幼蟲更喜愛陰涼處。成長到四齡前，外表很像鳥的糞便。幼蟲在變成蛹之前，會吃掉25片橘子葉。一發現的話，就用免洗筷夾起，進行撲殺。

螞蟻・白蟻

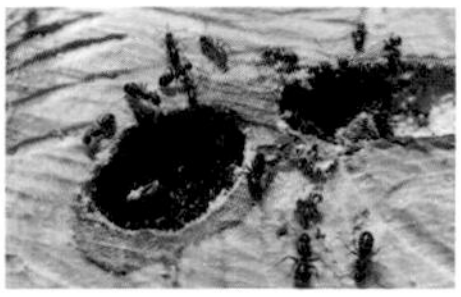

螞蟻
蟻科

會吃活的昆蟲、蟲卵、幼蟲、生物的屍體等。會幫助堇菜等植物進行播種，使生態系統變得豐富。雖然約有 1/4 種類的螞蟻會與蚜蟲共生，但是當蚜蟲過多時，還是會捕食蚜蟲。也會將樹木的腐朽菌搬運出來。

〔出現場所〕地面、地下、植物、竹子中、電線桿的洞等

〔出現時期〕3～11月（8月會減少）

〔食物〕昆蟲、生物的屍體

〔天敵〕蟻蛉、獵蝽類、鳥類等

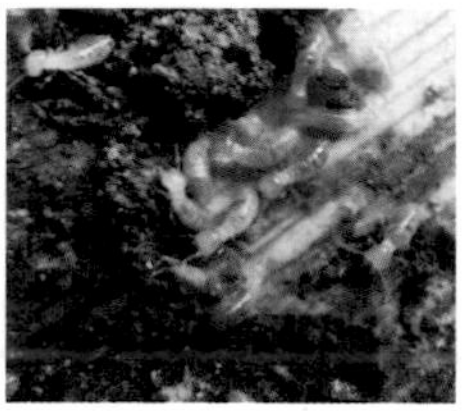

白蟻
白蟻科

只要將木材埋在木柵欄、竹籬笆底下的土壤中，或是將瓦楞紙箱擺放在房屋周圍，就會吸引白蟻過來。天敵是小鳥、壁蝨，而且特別討厭螞蟻。如果螞蟻從庭院中消失的話，庭院就會變成白蟻的天堂，所以絕對不能殺掉螞蟻。

〔出現場所〕土壤內埋木材的地方等

〔出現時期〕3～5月（黃胸散白蟻）

〔食物〕腐朽的木材等

〔天敵〕小鳥、螞蟻、壁蝨

蝸牛・蛞蝓

蝸牛
巴蝸牛科等

整年都會出現，在梅雨季或秋雨季等濕氣較重的時期，特別常見。會啃蝕植物的柔軟部分並挖洞。蝸牛殼一旦受損，就會從混凝土等處補充鈣質，修理蝸牛殼。強大的天敵是食蝸步行蟲，蝸牛一旦遭到襲擊，就會吐出泡沫來抵抗。照片中的是三線條蝸牛。

〔出現場所〕白天在盆栽底或石頭下等

〔出現時期〕整年

〔食物〕植物柔軟部分（花瓣、嫩芽、嫩葉）

〔天敵〕鳥類、青蛙等

蜜蜂

狩獵蜂
胡蜂科等

狩獵蜂包含了泥蜂、穴蜂、玳瑁蜂等，依照種類會在樹枝、葉子、竹子中等處築巢。雖說是蜂巢，但蜂后並不是住在此處，蜂后會在洞穴中產卵，並會事先將用來當作幼蟲食物的昆蟲麻醉。幼蟲的食物包含了蜘蛛與蛾的幼蟲等。照片中是泥蜂的蜂巢。

〔出現場所〕樹枝、樹葉、竹子中、電線桿的洞等

〔出現時期〕3～11月

〔食物〕活的昆蟲、蟲卵、幼蟲

胡蜂
胡蜂科

包含許多種類，小型虎頭蜂會在樹枝或屋簷下築巢。個性兇猛，具備攻擊性，如果大聲喊叫或是揮手的話，就會追過來。每年都要在庭院內，掛上椰子殼等類似蜂巢的東西，以防止胡蜂來築巢。照片中是小型虎頭蜂的蜂巢。

〔出現場所〕樹枝上、屋簷下、大樹的洞、地上

〔出現時期〕3～11月

〔食物〕活的昆蟲、蟲卵、幼蟲

花蜂類
小花蜂科等

熊蜂等蜂的腳上會有口袋狀的花粉籃，能夠收集花粉與花蜜。對於花的授粉來說，是不可或缺的。幾乎沒有攻擊性，在一般情況下，不會被刺傷。即使被刺傷，毒性也不強。也有小型的花蜂。

〔出現場所〕許多花

〔出現時期〕3～11月

〔食物〕花蜜、花粉

〔天敵〕紅頭伯勞等野鳥、食蟲虻等具捕食性的昆蟲、蜘蛛類等

介殼蟲

日本龜蠟蚧
介殼蟲科

〔出現場所〕各種植物的葉子、莖、枝幹
〔出現時期〕主要春~秋天
〔食物〕吸取植物的枝液
〔天敵〕寄生蜂、草蛉、五倍子蠅等

呈龜甲狀，周圍有小凹陷。在夏天，會出現在葉子的主脈，到了秋天，則會移動到枝幹上。不過，據說很不擅長移動，只能移動約全身一半的距離。由於會分泌甘露，所以會使植物感染黑煤病。對策為，透過竹鏟等物將其刮掉。

褐圓介殼蟲
圓介殼蟲科

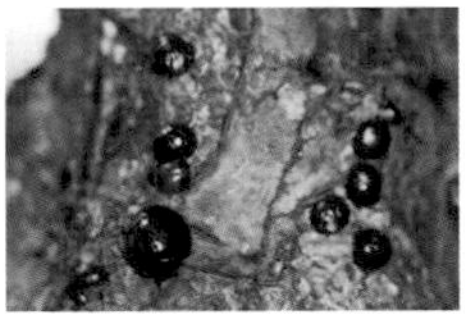

〔出現場所〕各種植物的葉子、莖、枝幹
〔出現時期〕主要春~秋天
〔食物〕吸取植物的枝液
〔天敵〕黑緣紅瓢蟲、紅點唇瓢蟲等

常會透過褐色的圓形硬殼來緊緊地包覆梅樹的樹幹。救世主是黑緣紅瓢蟲，或是紅點唇瓢蟲的成蟲與幼蟲。噴灑農藥，不但難以產生作用，還會將瓢蟲趕走。

其他

蚜蟲
蚜蟲總科

〔出現場所〕依照種類，所寄生的植物也不同
〔出現時期〕初春～秋季
〔食物〕樹木、花草嫩芽、花蕾等的汁液
〔天敵〕瓢蟲、草蛉、食蚜蠅等

會吸取樹木、花草花蕾、嫩芽汁液，所以在植物暫停生長的盛夏，會停止繁殖。蚜蟲能與螞蟻共生，其分泌的甘露附著在葉子上，植物會感染黑煤病。會花費約 5 天來進行無性生殖，所以容易產生抗藥性。天敵非常多，像是食蚜蠅等。只要噴灑化學肥料，蚜蟲就很容易出現。

蛞蝓
蛞蝓科

〔出現場所〕潮濕處
〔出現時期〕整年（除了隆冬以外的 3 ～ 11 月）
〔食物〕花、葉子
〔天敵〕笄蛭渦蟲、步行蟲、鳥類、青蛙等

除了隆冬以外，幾乎一整年都看得到。到了秋天食慾最旺盛，並會迎接繁殖期。屬於夜行性動物，只要在傍晚澆水，其數量就會增加。不要讓落葉、枯葉、廚餘等完全腐熟，並擺放在庭院內。在沒有雜草的庭院內，會遭受很大損害。

蛾

黃刺蛾（幼蟲）
刺蛾科

〔出現場所〕柿樹等落葉樹、少部分的常綠寬葉樹
〔出現時期〕6～9月(幼蟲)
〔食物〕葉子
〔天敵〕上海青蜂、麗綠刺蛾寄蠅等

會出現在以柿樹與楓樹為首的所有樹木上。外觀宛如金平糖。一觸碰就會產生電擊般的刺痛感。雖然黃刺蛾會在樹枝上結繭，但綠刺蛾與其同類則會在土中結繭。一發現的話，就用免洗筷殺掉。照片中的是綠邊刺蛾。

茶毒蛾（幼蟲）
毒蛾科

〔出現場所〕山茶花、茶梅、茶樹、夏山茶等
〔出現時期〕1 年 2 次（4 ～ 6 月、8 ～ 9 月）
〔食物〕上述樹種的葉子
〔天敵〕寄生蜂、鳥類

在春天～初夏與晚夏這兩個時期出現。出現場所為山茶花、茶梅、茶樹、夏山茶。由於出現在草木叢生之處，所以盡量不要將以上的樹當作樹籬，即使是單獨種植一棵，樹枝修剪工作也很重要。如樹木很健康，即使遭到啃蝕，也能分泌出帶有氣味的物質，呼喚天敵寄生蜂過來。

椿象

椿科

〔出現場所〕因種類而異
〔出現時期〕因種類而異
〔食物〕植物的果實（草食性）、昆蟲（肉食性）
〔天敵〕寄生蜂、鳥類等

會大量出現在果樹園等處。出現在庭院或花草上時，大多都只是在休息。大量出現的原因之一為，化學肥料所導致的營養過剩。並非只有草食性，也有許多肉食性的椿象。另外，也有帶有美麗顏色與花紋的種類。照片中的是東方稻綠椿。

青蛾蠟蟬

青翅飛蝨科

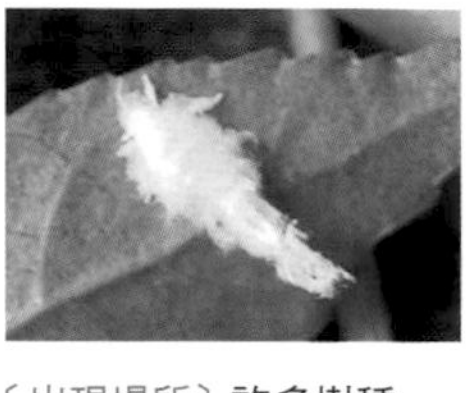

〔出現場所〕許多樹種
〔出現時期〕5～9月
〔食物〕新長出的樹枝、葉子的汁液
〔天敵〕三色瓢蟲、鳥類、蛾、寄生蜂、螳螂、蜘蛛、蜜蜂、青蛙等

會出現在樹籬、樹木等通風與日照不佳的場所。經常見於沒有整理的奇異果棚架等處。幼蟲被白色的鬆軟物質所包覆。只要修剪樹枝，情況大致上就會改善。照片中的是幼蟲。

草蛉（幼蟲）

草蛉科

〔出現場所〕各種花草、樹木。會有蚜蟲的植物。
〔出現時期〕整年
〔食物〕活的昆蟲

幼蟲會吃蚜蟲，下顎看起有如角或牙，外觀很可怕。有些種類會讓垃圾包覆在身上，藉此來進行偽裝，有些種類則不會。蟲卵被稱為「優曇婆羅花」。細長的白色蟲卵會附著在蟲絲的前端。

螳螂

螳螂科

〔出現場所〕庭院各處
〔出現時期〕5～11月
〔食物〕活的昆蟲（蝗蟲、蟋蟀、蝴蝶等）
〔天敵〕鳥類、鐵線蟲

代表性的種類為台灣大刀螳（大螳螂）、小螳螂、寬腹斧螳及朝鮮螳螂。只要是會動的生物都吃，所以不僅只吃「害蟲」，也吃「益蟲」。不擅長捕食太小的蟲。有時也會看到螳螂被當成紅頭伯勞的祭品。照片中是台灣大刀螳。

蜘蛛類

漏斗蛛科等

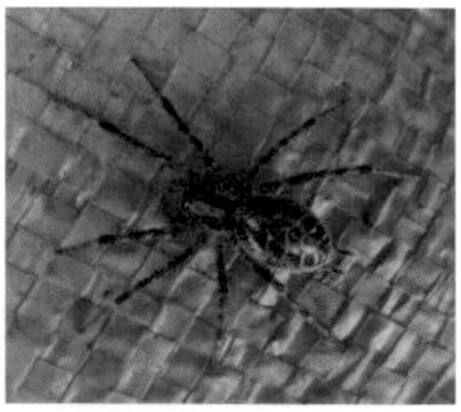

〔出現場所〕依照種類，出現在各場所
〔出現時期〕整年（若是野外，則是5～7月）
〔食物〕活的昆蟲

可分成結網性蜘蛛、不會結網的遊獵性蜘蛛、土壤性蜘蛛等類型。皆為肉食性，會捕食各種昆蟲。其中，也有長得很像螞蟻或鳥糞的蜘蛛。蜘蛛與蜜蜂一樣怕農藥，只要噴灑一次農藥，其數量就不會輕易增加。照片中的是草蛛。

天牛

天牛科

〔出現場所〕楓樹、石榴樹、無花果樹等
〔出現時期〕5～8月
〔食物〕幼蟲會啃蝕樹幹、樹枝的內部
〔天敵〕鳥類、寄生蜂、蜜蜂等

包含許多種類，共通點為幼蟲會啃蝕樹幹或樹枝的內部。會在樹齡5～6年以上的樹上產卵。受損場所大多為，樹幹較低處，以及有出現木屑處，所以很容易發現。健康的樹木一旦遭到啃蝕，就會呼喚寄生蜂。照片中的是大星斑天牛。

鼠婦

球木蝨科

會吃腐葉與枯葉，並分解葉子，使土壤變得肥沃。也常見於未成熟的有機物中。只要被觸碰，就會將身體捲成一團，進行防禦。據說，也會吃還沒枯萎的葉子，但大部分的食物都是其他昆蟲吃剩的東西。

〔出現場所〕枯木、石頭、枯葉底下、堆肥底下
〔出現時期〕2～11月
〔食物〕腐爛植物與枯葉

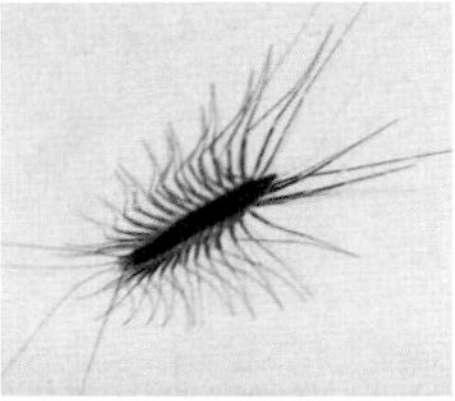

蚰蜒

蚰蜒科

出現在陰暗潮濕處，腳多達30根。如果出現在家中的話，也會幫人類吃掉蟑螂的蟲卵與幼蟲。性格膽小，不會去扎或咬人類。一旦遭遇敵人，就會弄斷自己的腳，透過還暫時會動的斷腳來引開敵人注意，然後趁機逃跑。

〔出現場所〕陰暗潮濕處
〔出現時期〕7～11月
〔食物〕活的昆蟲

杜鵑冠網蝽

網蝽科

會吸取杜鵑花與皋月杜鵑的葉子汁液，被吸過的葉子會褪色，變得帶有白色。黑色或褐色的小糞便會附著在葉子背面。對策為，改善日照與通風，蓋住了杜鵑花上部的樹木也要進行修剪。由於這種蟲會靠堆積起來的枯葉來過冬，所以根部的枯葉全都要清理掉。

〔出現場所〕杜鵑花、皋月杜鵑
〔出現時期〕5～9月
〔食物〕吸取葉子汁液
〔天敵〕寄生蜂、肉食性的椿象

艷金龜

金龜子科

成蟲會群聚在花朵中，啃蝕花瓣、花芯、葉子。幼蟲的外表有如青蟲，頭部為黑色或褐色，身體則是乳白色。幼蟲會在土壤中啃蝕植物的根。也會在花盆內產卵。看到成蟲的話，要將其捕殺；要對付幼蟲，則只能增加土壤中的天敵數量，所以不要使用化學肥料。

〔出現場所〕各種植物、花盆內
〔出現時期〕整年
〔食物〕各種植物的花、葉子

黑尾大葉蟬

大葉蟬科

會吸取各種樹木的葉子與莖部的汁液。經常群聚在通風不良處。只要有東西靠近就會逃向側面。雖然經常出現在繡球花等植物上，但不會導致植物枯萎，所以置之不理也無妨。

〔出現場所〕各種樹木
〔出現時期〕3～11月
〔食物〕吸取樹梢、葉子的汁液
〔天敵〕寄生蜂、鳥類、螳螂、蜘蛛等

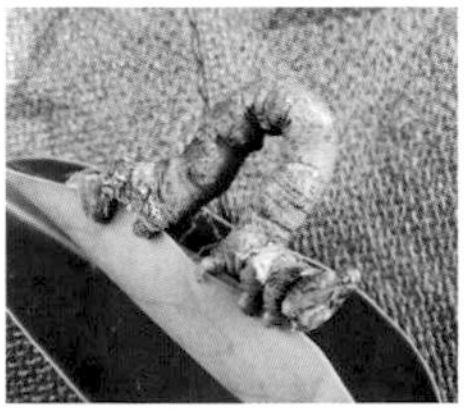

尺蛾（幼蟲）

尺蛾科

包含許多種類，從小型到大型都有。一旦察覺到危險，就會偽裝成樹枝。常遭到長腳蜂等的捕食。很少會大量出現，所以不需太在意。許多成蟲（蛾）都長得很漂亮。

〔出現場所〕各種樹種
〔出現時期〕春～秋
〔食物〕葉子
〔天敵〕赤眼卵寄生蜂、長腳蜂等

馬陸

光帶馬陸科

由於有很多腳，所以容易被誤認為蜈蚣。不會螫人。屬於分解者，會出現在石頭底下、枯葉底下等處，吃腐葉、枯葉、真菌類。雖然被人們當成「噁心害蟲」，市面上甚至有販售馬陸專用的殺蟲劑，但馬陸對人類無害，所以不應將其殺害。希望大家不要討厭馬陸。

〔出現場所〕石頭底下、枯葉底下
〔出現時期〕3～11月
〔食物〕腐爛的植物、真菌類

食蚜蠅

食蚜蠅科

成蟲會為了尋找花蜜而來到庭院內。不會螫人。雖然幼蟲的外表呈蛆狀不討喜，但會大量捕食蚜蟲。在日本關東以西，即使是隆冬，只要有種花的話，還是會飛過來。經常會出現在初春的阿拉伯婆婆納上。

〔出現場所〕有蚜蟲的地方
〔出現時期〕初春～晚秋
〔食物〕蚜蟲（幼蟲）、花蜜（成蟲）

甘藍夜蛾

夜蛾科

由於在夜間活動，而且會啃蝕葉子，所以被稱為「甘藍夜盜」。會吃各種植物。有些會對農藥產生抗性。如果發現植物明明遭到嚴重啃蝕，但卻看不到蟲的話，只要將該植物底下的土壤稍微挖起，大多都會發現蟲。對策為，進行捕殺。

〔出現場所〕各種蔬菜、花草
〔出現時期〕4～11月，因種類而異
〔食物〕葉子
〔天敵〕長腳蜂、蟾蜍等

蓑蛾

蓑蛾科

指的是被枯葉或枯枝包覆起來的蓑蛾類的幼蟲。大避債蛾雖然不會大量出現，但小型的茶避債蛾有可能會大量出現，並導致嚴重的蟲害，所以必須多加留意。什麼都吃，也會吃香草植物等。必須將其捕殺。

〔出現場所〕因種類而異
〔出現時期〕整年（蟲害發生時期為夏季～秋季）
〔食物〕葉子
〔天敵〕長腳蜂等

杜鵑三節葉蜂（幼蟲）

三節葉蜂科

與其他肉食性的蜜蜂不同，其幼蟲會吃葉子。成蟲會散發光芒，顏色為帶有黑色的暗紫色。透過臀部的產卵管，將蟲卵產至葉子邊緣的內側。在處理對策方面，幼蟲可用手抓走，至於成蟲的話，則要辛勤地噴灑大蒜木醋液。

〔出現場所〕杜鵑花、皋月杜鵑
〔出現時期〕4月下旬～10月(1年會出現3～4次)
〔食物〕上述植物的葉子
〔天敵〕螳螂、蜥蜴、蜘蛛、獵椿類等

蜈蚣

粗節地蜈蚣科

一旦被咬，就會非常疼痛，並產生紅腫症狀。然而，蜈蚣只有在感到危險時才會進行攻擊。性格膽小，一碰到人類就會逃走。如果是在家中的話，也會幫人類吃掉蟑螂的蟲卵與幼蟲等。如果不想在家中被咬的話，就要準備火鉗等工具，當蜈蚣出現後，就夾起來丟到屋外。

〔出現場所〕石頭底下、枯木底下、落葉底下等處
〔出現時期〕4～11月
〔食物〕活的昆蟲
〔天敵〕蛇、蜥蜴、蜜蜂、鳥、日本鼩鼴、鼩鼱

Part

5

有機花園的打造方式

試著來打造有機花園吧！透過有機花園的參與方式來介紹，庭院的管理方法與設計等。

Basis 1

有機花園的參與方式

依照「有多喜愛庭院整理工作？能夠花費時間嗎？打造庭院的目的為何？」這些關於「有機花園的參與方式」的問題來決定庭院的型態。

會隨著目的與時間而改變的庭院型態

我們會在庭園雜誌或電視的旅遊節目等處，看到漂亮的庭園。雖然非常嚮往那種宛如天堂般的花園，不過，等一下！如果沒有具備相當豐富的植物知識，並花費很多時間去整理的話，是無法打造出那種夢幻花園的。請先深呼吸，試著思考「自己有多喜愛庭院整理工作？」、「能夠花多少時間在上面呢？」

過去有許多人家裡雖然有庭院，但本身的興趣卻不是園藝，大部分的人都覺得，只要把庭院整理得不算難看，可以在庭院內泡茶就行了。在那種情況下，必須事先盡量將庭院，打造成不用花費工夫整理才行。也有人把花圃蓋得很大，但花的移栽情況卻不盡人意，導致最後雜草叢生。不太能夠花時間整理的人，請把花圃蓋得小一點，透過最低必要限度的整理工作，來充分感受園藝樂趣。另外，忙碌的人也必須思考雜草對策，像是減少土壤的部分，或是把雜草當成綠色地毯的替代品等。

依照家庭成員的組成與年齡，庭院的打造方式也會有所差異。家中有老人或坐輪椅者時，庭院內要避免設置飛石，並好好地鋪設庭園步道。相反地，因為要照顧家人而無法輕易去旅行的人，想要在住家附近轉換心情的話，也可以有效地利用庭院。

另外，家中有小孩的話，可以在庭院內設置沙坑，如果有大樹的話，也可以裝設鞦韆等。受到男性歡迎的是，工作小屋與收納櫃。此處可以收納釣魚用具、假日木工DIY的器具，也可以當成休閒室。

像這樣，依照使用者的年齡、使用目的、能夠花費的時間，庭院的打造方式會產生很大差異。

[庭院的參與方式]

沒有整理的庭院

庭院內沒有人，雜草叢生。

有經過好好整理的庭院

在階梯狀的架高花圃內種植蔬菜，並每天整理，將庭院保持得很美。

實用的庭院

在庭院內設置方便進出的木製露臺，並在庭院中央設置供水設施。步道部分採用平板磚，雜草也不易長出來。

容易進出的庭院

設置木製露臺，將其當作簷廊的延伸部分，藉此來連接室內與庭院。旁邊的扶手欄杆可以用來曬棉被等物。

考量到植物栽種的庭院

最好先想像植物在幾年後長大的模樣，並在栽種植物時，多保留一些空間。

方便使用的庭院

當蔬菜因為樹蔭而長不大時，可以在庭院內設置一個架高花圃，這樣也能站著整理花圃，輕鬆採收作物。

Basis 2

基本工具

介紹打造庭院時，所需要的修剪工具、整土工具、清掃工具，以及使用方法。

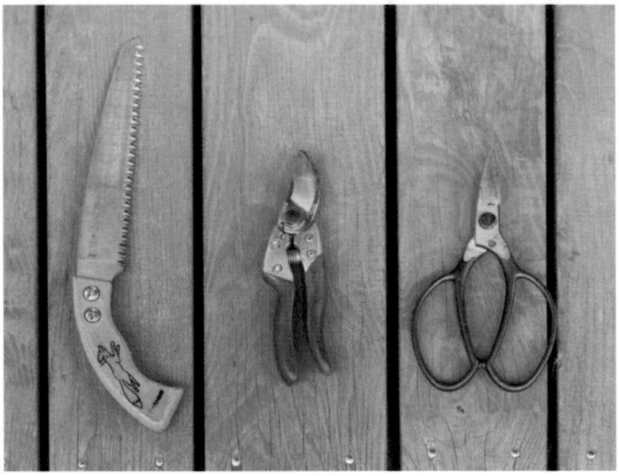

[修剪工具 1]

（從照片左側依序）
修剪鋸、剪定鋏、多功能修枝剪

[修剪工具 2]

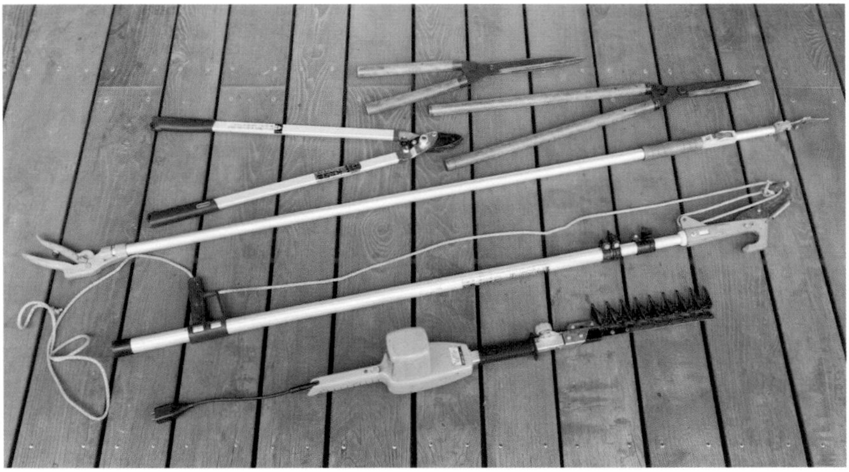

（從照片前方依序）
電動籬笆剪、高枝剪（繩索型）、高枝剪、粗枝剪（左）、大型籬笆剪（右）、小型籬笆剪

[整土工具]

（從照片前方依序）
釘耙、鏟子、小鏟子

[剪定鋏與修枝剪的使用方法]

多功能修枝剪可以用來修剪細枝。

修剪時，只要讓切口變成斜的，就會很好剪。

剪定鋏可以切斷約 20 ㎜粗的枝。

[籬笆剪的使用方法]

讓其中一手固定，活動另外一隻手，持續地剪出一個面。

採用讓刀刃朝下的拿法時，手愈靠近剪刀柄中央，拿起來就愈穩。

在修剪遠處時，要伸長手臂，讓刀刃與修剪面呈平行。

[電動籬笆剪的使用方法]

讓刀尖朝下，水平地移動

修剪時，要很乾脆，最好大膽一點。

一邊想像修剪好後的模樣，一邊逐步進行修剪。

[清掃工具]

（從照片前方依序）
前端切齊的竹掃把、竹掃把、小掃把、小鐵耙、鐵耙、竹耙

[竹掃把的使用方法]

前端切齊的掃把會用於樓梯與細節。

偶爾要將前端切齊。另外，新掃把與因使用過而磨損的掃把要分開使用。

使用時要讓前端立起來。在掃砂礫時，要放鬆力氣，只使用前端來掃。

[耙子的使用方法]

前端有稍微彎曲的鐵耙，用起來比較方便。

只要使用鐵耙，就能輕易地將雜草與林下植物上的垃圾集中起來。

在步道、泥土地、修剪得很整齊的草坪上，使用竹耙來清理垃圾。

[小耙子的使用方法]

在使用時，可以改變前端的寬度。

將樹籬或草木叢生處的落葉耙出來。

依照場所來分別使用一般的耙子與小耙子。

[小掃把的使用方法]

清掃平板磚的縫隙與角落等處。

清掃石造建材上的垃圾。

清掃草中的枯葉等。

Basis 3

培養土壤

何謂培養土壤？來觀察土壤中的微生物與其特性，以及培養土壤時不可或缺的生物吧！

培養土壤就是——改良土壤

在自然界中，1公分的土壤需要花費10到20年的歲月才能形成。我們所能做的事情為改良土壤，並將此事稱作「培養土壤」。土壤中有著許多微生物與昆蟲。牠們會分解枯葉、動物屍體、糞便等，將有機物轉變為無機物。

土壤性質可以分成，排水性很差的黏土質土壤、硬度適中且帶有溼氣的黑土與紅土、乾燥後會變得過於乾爽的土壤等。再者，用來表示酸性、中性、鹼性的pH值也與土壤有關。日本的土壤大多為弱酸性，對於植物的生長來說，是很理想的數值，不過根據學者的報告，最近由於混凝土的使用，所以偏向鹼性的土壤正在變多。像是加拿大一枝黃花等外來的雜草會比較容易生長在這種場所。

市面上也有在販售，經過高溫烘烤來進行「消毒」的土壤。不過，這種土壤中一旦出現某種細菌，其數量就會爆發性地增長。土壤中與人類的腸道很像，會透過各種細菌來維持平衡。不要讓其平衡遭到破壞是很重要的。

蚯蚓是培養土壤的高手，在使用化學肥料的庭院內比較少見。當土壤過度偏向酸性時，蚯蚓就會逃走。蚯蚓會吃有機物與堅硬的土壤，並在肚子中使各種礦物質增加，土壤會因此變得肥沃。而且，能夠製造出團粒構造的土壤。團粒構造的土壤是指，能夠實現「同時具備良好排水性與保水性」這種似乎很矛盾的特性的土壤。請大家以「打造出有很多蚯蚓的庭院」為目標，持續地培養土壤吧！

[透過植物來觀察土壤的性質]

鹼性 ⇐ 中性 ⇒ 酸性

加拿大一枝黃花

生長於日照良好的鹼性土壤。屬於蟲媒花，不會成為花粉症的原因。

寶蓋草

寶蓋草生長在日照良好的肥沃土壤。一旦食用，就會引發噁心症狀與腹瀉，所以要多加留意。

問荊

問荊生長於酸性土壤，枯萎後，能夠為土壤補充鈣質，並中和土質。

[讓土壤中的生物幫忙]

鼠婦

除了腐葉與枯葉以外，也常出現在尚未腐熟的堆肥等還沒被分解的有機物之處。

馬陸

會吃腐葉與枯葉，並將其分解。

蚯蚓

通過蚯蚓體內後，土壤中的微量元素會增加。不喜愛草很少的乾燥處。

Basis 4

栽種植物

為了栽種植物，所以先來了解該植物的特性與適合的環境吧！另外，也會介紹幼苗與樹苗的栽種方式。

先思考植物的性質，再栽種職務。

植物的種類很多，有的喜愛日照良好處，有的喜愛陰涼處，有的只能在涼爽處才能生長，有的討厭乾燥的場所。先對照植物性質與自家庭院的環境後，再挑選要栽種的種類吧！

常見的失敗情況為，把想像中的完成圖想得太過簡單，並種了過多植物。雖然在栽種時，植物之間的空間看起來剛剛好，但是10年後，長大後的樹木與花草就會在狹窄的空間內叢生，導致庭院的日照與通風變得不佳。那樣的庭院，正是容易發生病蟲害的環境。栽種植物時，要保持令人覺得稍微有點大的間隔。另外，在種植樹木時，比起已經長大的樹木，略小的樹苗會比較容易扎根。從樹木扎根到保持穩定生長狀態，必須花費約3年的時間。

在樹木的移栽方面，有的樹很容易扎根，有的樹則很難。難扎根的代表為柿樹與瑞香。另外，如果在夏天移栽夏山茶的話，也可能會使其衰弱、枯萎。落葉樹適合在落葉時期進行移栽；常綠樹則最好避開冬天寒冷時期。

[移植的重點]

在日照良好處移植

因土壤容易變乾，所以只要鋪上覆蓋物即可。

在陰涼處移植

選擇在陰涼處也能生長的植物。如排水不佳的話，可將土堆高，將植物種高一點。

[移栽的環境]

陰涼處

耐陰性較強的植物，大多為山菜。

會照到午後陽光的場所

種植常綠樹，或是乾脆在此處設置柵欄等。

容器·花盆

在夏天，每天都必須澆水。

花圃

只要盡量將花圃設置在伸手可及的範圍內，整理起來就會比較容易。

半陰處

只要利用花色明亮的花和彩葉植物等，就能打造出富有變化的庭院。

日照良好的場所

雖然在日照良好的場所，植物會長得很好，但也必須多加留意，避免土壤過於乾燥。

[花苗的移植]

利用小鏟子，挖出一個比小花盆大一號的洞。

從小花盆中取出花苗。

如果底部的根纏在一起的話，就要將其解開，或是剪掉。

將花苗放入挖好的洞穴內。

將周圍的土壤往內撥，使其填入空隙中。用力按住根部周圍的土壤，使根部與土壤確實地固定。

澆很多水。

[樹苗的移植]

挖出一個比樹苗根部大一號的洞。如果土壤很硬的話，洞就要比樹苗根部大兩號才行。將肥沃的土壤放入洞穴底部。

放入樹苗，將肥沃土壤填入其周圍。

倒入大量的水，讓水多得快要溢出。只要握住樹幹輕微搖晃，就能讓水流入底部，所以要持續倒水，直到水位沒有立刻恢復正常。

由於土壤會因流入底部而減少，所以要再繼續加土，將土壤弄成碗狀。

從土壤上方將堆肥撒在根部前端的部分。

最後，使用澆水壺來澆水。只要事先將土壤弄成碗狀，就能儲存落下的雨水，除非之後過於乾燥，否則就不用澆水。

Basis 5

修剪的基本知識

事先來了解「應該修剪的樹枝和芽、粗樹枝的修剪方法、修剪時期」等，關於修剪的各種基本知識吧！

修剪樹枝，讓樹木釋放能量。

樹木會從根部吸取水分與養分，並同時透過葉子來吸收陽光與二氧化碳，進行光合作用。透過想像，只要進行修剪，讓樹木從大地中吸收的能量，能自然地透過樹枝前端釋放到空氣中，樹木就會擁有自然的形狀。

修剪時期要避開樹木正在生長的4～5月，等到樹木生長情況穩定後，從6月中旬才開始進行修剪。另外，修剪時期也會隨著樹種而產生變化。如果花芽長出來後才進行修剪的話，花就會長得不好，所以要多加留意。

[應該修剪的無用樹枝]

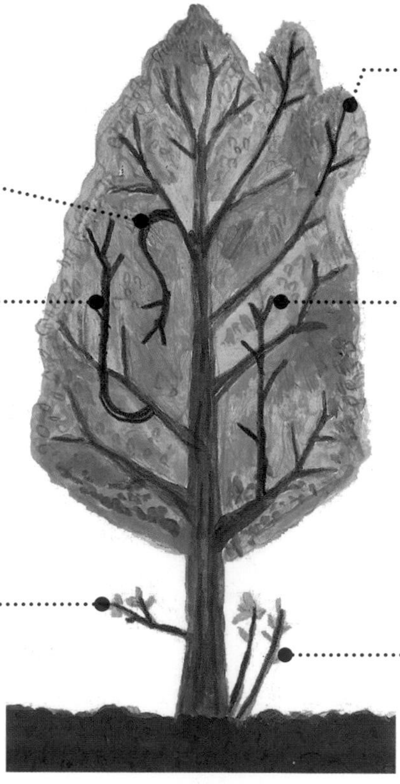

逆枝
剪掉朝著下方或樹幹方向生長的樹枝。

徒長枝
從分枝處剪掉長得過長的樹枝。

纏枝
剪掉在裡面纏繞不清的樹枝。

立枝
剪掉在裡面朝著正上方生長的樹枝。

幹生枝
剪掉從樹幹中新長出的樹枝。

分蘗枝
剪掉從接地處長出的樹枝。

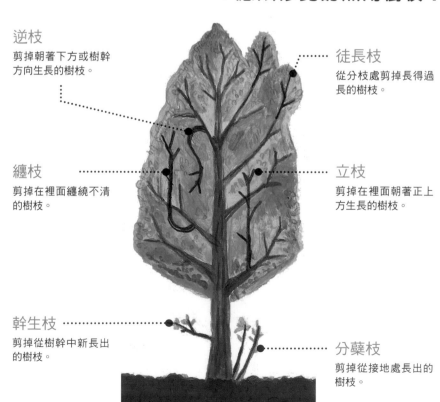

[樹枝的修剪位置]

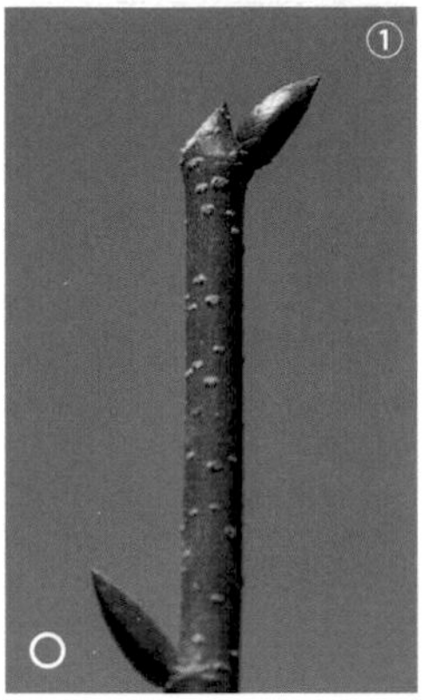

修剪樹枝時，要依照芽的角度，比芽的根部稍微高一點的地方剪掉即可(①)。如果留下太長的話，該部分可能會枯萎（②)。如果修剪處太靠近芽的話，芽本身也可能會枯萎（③)。

[花芽・葉芽]

長在枝條前端的芽，可以分成會長成花的花芽，以及會長成葉子的葉芽。

[外芽・內芽]

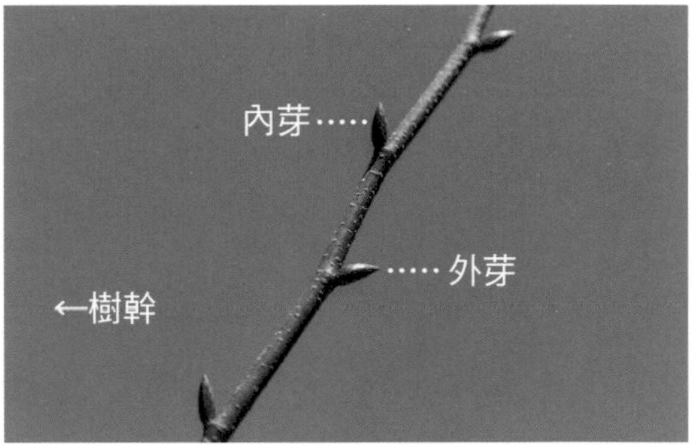

以樹幹為中心來觀察，位於外側的芽叫做外芽，位於樹幹側的則叫做內芽。基本上，要依照外芽的位置來進行修剪。

[粗樹枝的修剪方式]

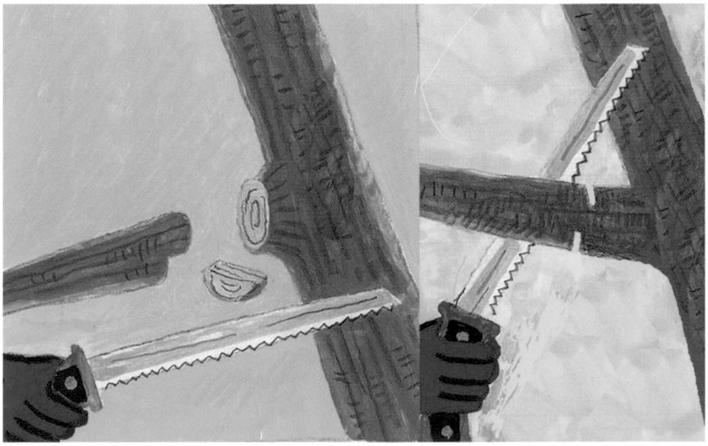

在修剪粗樹枝時，要使用修剪鋸。由於刀刃的形狀不同，所以木工用的鋸子不適合。在欲剪樹枝的下側，鋸出一道深度約 1/3 的切痕。接著，與下側切口稍微錯開，從上側也鋸出切痕。將樹枝鋸斷後，會形成高度不同的切面。最後，再配合該切面的上側，鋸出平整的切面。

Basis 6

修剪的注意事項

讓我們來學習「修剪植物時要注意的重點、容易遇到的失敗例」，希望這些知識，能對修剪工作有所幫助。

透過修剪來打造光線與風的通道

有許多人只會修剪伸手可及之處，但修剪工作的基本知識為，修剪上部時要大膽一點，修剪下枝時則要謹慎。樹木會想要以最有效率的方式來吸收陽光，所以如果上部的樹枝很多的話，就會導致下枝枯萎。反之，要是將下枝修剪得太短的話，下枝就可能會再也長不出來。另外，重要的是，不能只修剪表面，而是要將在裡面纏繞不清的樹枝剪掉，在樹中打造出光線與風的通道。

[常見的修剪失敗例與重點]

如果只修剪伸手可及處，最想要遮蔽起來地方的樹枝就會消失。

如果只有修剪表面的話，樹形就會讓人覺得既厚重又通風不良，而且容易發生病蟲害。

以美麗的自然樹形為目標

依序從氣勢十足的樹枝開始修剪，就能讓整棵樹變得小一號，並維持自然樹形。相反地，如果先修剪細小的樹枝，樹枝的生長就會變得遲緩，很難打造出小一號的自然樹形。要是長久都沒有進行修剪，導致樹木變大的話，變粗的樹幹中就會長出與其相稱的樹枝，所以很難平息樹木的生長氣勢，使樹木變小。

另外，如果將樹枝隨意切斷或是扯斷的話，腐朽菌就會從該處進入，導致樹枝腐朽。所以在適當位置正確地使用工具是很重要的。此外，有時要在花芽長出前進行修剪，有時要等到花芽長出之後，再進行保留花芽的修剪工作。請大家多加留意，採取適合各類植物的修剪方式吧！

如果不將切口切得平整，腐朽菌就會從該處進入，使樹枝腐朽。

樹木的形狀被修剪得很漂亮，而且通風作用也很好。樹木看起來很高興，觀賞者看了也會感到舒服。

要是不進行修剪而導致樹幹變粗的話，就很難重新培育成較小的樹形。

Basis 7

大型樹木的修剪

大型樹木應該如何修剪呢？修剪的重點為何？來瞧瞧詳細的修剪方法吧！

請多加注意，不要進行不合理的修剪。

在修剪大樹時的重點在於，不要隨意地剪斷樹枝。如果隨意剪斷樹枝的話，腐朽菌就會從斷裂處進入，導致樹木枯萎。在修剪較粗的樹枝時，要讓切面保持平整，絕對不要蓋起來，或是塗上殺菌劑或保護劑等。我們什麼都不用做，只需在一旁守候，讓樹木透過本身的力量來形成防護層。另外，在鋸斷很重的粗樹枝時，別想要一次鋸斷，而是要分成若干次來鋸斷。

需要使用折疊梯時，請不要勉強自己，委託園藝業者吧！

徒長枝與纏枝很有氣勢地從樹幹中長出。

透過修剪，讓樹木變得小一號，只留下自然的樹枝。盡量不要隨意地從樹枝中間剪斷。

[修剪的步驟]

氣勢十足地長得過長的樹枝。

找到該樹枝的根部，從根部剪斷。

從產生分枝的根部剪斷。

找出重疊在一起的細小樹枝的根部。

從根部剪斷。

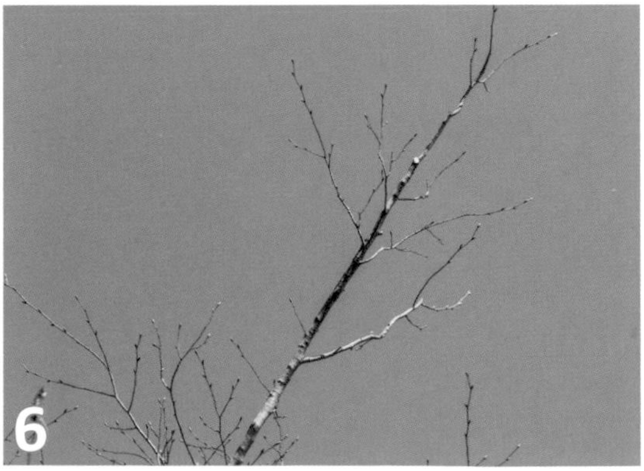

修剪後，樹枝變得很自然，感覺也很清爽。

Basis 8

小型樹木的修剪

小型樹木應該如何修剪呢？來瞧瞧修剪時的重點與詳細步驟吧！

沿著樹枝找出根部，然後剪斷它。

小型樹木的修剪重點是，發現長得很有氣勢的樹枝後，就沿著樹枝找出根部，然後剪斷。

盡量地在樹木的內側，從根部的地方剪斷「朝著樹幹方向生長的樹枝（逆枝）」與「彎來彎去變得糾纏不清的樹枝（纏枝）」。

只要在樹木內，對錯綜複雜的樹枝進行疏枝修剪，修剪到「可以稍微從外面看見枝幹」的程度即可。如此一來，就能改善通風與日照。

依照上部、中間、下部的順序來進行修剪，並觀察整體平衡，剪去樹枝進行調整。

長得很蓬亂的山茶花。通風與日照都不佳，容易出現茶毒蛾。

修剪內側的混雜樹枝後，樹的尺寸也會變得比較小一點。

[修剪的步驟]

觀察整體的形狀，從樹木的上部開始修剪。

尋找太長的樹枝，並沿著樹枝找到分枝處。

從產生分枝的根部將樹枝剪斷。上部要採用強剪，將樹枝剪得稍短一點，以改善通風。

修剪樹木內的纏繞樹枝。

在下部，也要依照順序來修剪纏枝。

觀察整體的平衡，將纏繞不清的樹枝剪掉。要把樹木修剪成，愈往下方，綠意愈濃的感覺。

Basis 9

造型修剪

學習透過籬笆剪或電動籬笆剪（皆有在P.114介紹）等工具，進行造型修剪的方法及步驟。

上部要強剪，愈往下保留的樹枝愈長

依照植物種類，所採用的造型修剪方法也不同。山茶花與茶梅的樹籬等，即使有進行造型修剪，但卻沒有修剪樹枝的話，還是會容易產生茶毒蛾。由於冬青衛矛也容易感染白粉病，所以要進行疏枝修剪。皋月杜鵑等植物，則要使用籬笆剪或電動籬笆剪來塑形。在對樹籬與球形灌木進行造型修剪時，上部要採用強剪，愈往下部，所保留的樹枝愈長。另外，在修剪珍珠繡線菊等灌木時，比起造型修剪，從接地處進行疏枝修剪，將較長的樹枝剪掉的話，比較能夠修剪出柔和的樹形。

被修剪成球形的吊鐘花，肆無忌憚地生長。尤其是上部，氣勢十足地生長著。

透過造型修剪來塑形，使其成為漂亮的球形。

[造型修剪的步驟]

只要在下面鋪上防水布，之後的整理工作就會很輕鬆。

固定其中一手，活動另一手的手臂，然後一邊讓自己的身體靠近植物，一邊持續地修剪植物的周圍。

也可透過電動籬笆剪來塑形。

修剪完周圍部分後，水平地拿著剪刀，讓身體靠近植物，對植物頂部採用強剪。

使用電動籬笆剪時，也要對植物頂部採用強剪。

最後透過籬笆剪來塑形。已剪掉的樹枝等不能置之不理，一定要清理掉。

Basis 10

利用堆肥箱來製作堆肥

介紹利用堆肥箱，將廚餘製作成堆肥的方法，以及將落葉製作成堆肥的方法。

將廚餘製成堆肥，重複利用。

如果將家中的廚餘丟掉的話，就會變成垃圾，但如果放入堆肥箱的話，則會形成堆肥。請大家務必要試著挑戰，透過堆肥箱來製作堆肥。

在能夠分解廚餘狀態的有機物的細菌中，可以分成喜愛空氣的好氧菌，以及喜愛密閉狀態的厭氧菌。因木製堆肥箱會利用好氧菌，所以當箱子中裝滿廚餘時，就要進行翻堆工作，使空氣混入其中，並且讓上下層的堆肥交換位置。

將廚餘放進堆肥箱後，要撒滿乾燥土壤。讓堆肥箱內形成「廚餘↓土壤↓廚餘↓土壤」這樣的三明治結構。箱子裝滿後，將其挖到隔壁的箱子內。此時，為了調整水分，可以將少許土壤撒在濕氣較重的地方。透過反覆進行這些步驟，當第一個箱子中的堆肥進入第三個箱子後，經過一段時間，就能製作出完全腐熟的堆肥。只要使用此堆肥，就不用將花盆內的土壤丟棄。每次在移植時，只要撒上堆肥，土壤就可以持續使用。

此外，由於用落葉製成的堆肥很受到蚯蚓的喜愛，所以能夠成為品質良好的堆肥。

用來在堆肥箱內製作堆肥的好氧菌與厭氧菌的特徵

好氧菌	厭氧菌
・喜愛氧氣	・討厭氧氣
・土壤帶有香氣	・會發出酸味
・在通風良好的容器內進行	・在密閉容器內進行
・進行翻堆工作，讓氧氣混入	・必須使用發酵促進劑等

[用廚餘堆肥箱來製作堆肥]

來製作堆肥吧！

廚餘如果被丟棄，就只是垃圾。如果使用堆肥箱來活用廚餘，就能使其成為安全、安心的自製堆肥。因此，我們平常所吃的食物，也要盡量選擇不使用添加物與農藥的產品。

將廚餘放入箱子內。盡量將報紙等物墊在廚餘下方，事先減少水分。

均勻地撒上乾燥土壤，將廚餘蓋起來。

若含水率在 60% 左右的話，分解速度就會加快。判斷方法為，握起來會形成丸子狀，拍一拍手後，泥土不會殘留在手上的程度。

白色黴菌大多為放線菌，不用擔心。

箱子裝滿後，就將堆肥移動到隔壁的箱子內（翻堆工作）。在夏季大約 3 個月，就能製作出完全腐熟的堆肥。

[在陽台製作廚餘堆肥]

沒有土壤的場所也能製作

即使在沒有泥土地的集合住宅陽台，也能製作廚餘堆肥。在這裡，我們利用了輕便的花盆來當作堆肥容器，也可以使用瓦楞紙箱或塑膠製衣物收納箱。12 號的花盆約可裝入 14 公升的土，能夠處理 200 ～ 300 克的廚餘。

準備花盆（12 號）、盆底石、土壤、長筒襪或不織布。放入盆底石，直到看不見底部。

放入土壤，讓土壤與花盆邊緣的距離達到約 5 cm左右。土壤也可選擇用過的園藝用土。

將廚餘瀝掉某種程度的水分，尺寸較大的廚餘要先切細。在土壤上挖洞，放入約 200 克的廚餘。蛋殼等較堅硬的廚餘不會被分解。冬天的分解速度特別慢，所以要減少廚餘量。

將廚餘和土壤充分攪拌，蓋上剛才挖起的土壤。

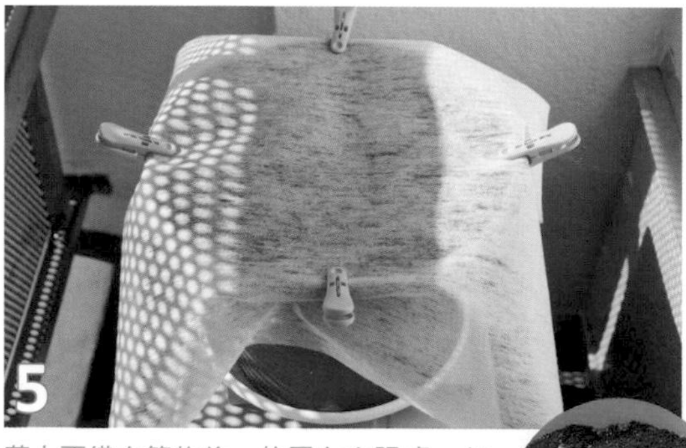

蓋上不織布等物後，放置在向陽處。如果分解速度很慢的話，就套上塑膠袋。一邊觀察情況，一邊反覆進行「挖洞，放入廚餘，攪拌」這項工作。

[落葉堆肥]

一石二鳥的堆肥

如果能將落葉掃成一堆，並製作腐植土的話，不但能完成清掃工作，還能製作堆肥，可說是一石二鳥。蚯蚓很喜歡落葉堆肥，所以若想要讓土壤變成，含有很多蚯蚓的團粒構造土壤的話，建議採用落葉堆肥。如果採用像跳箱那樣，外框可堆疊的箱子，就能輕鬆地進行翻堆工作。

將落葉放入堆肥箱中。

從上方撒滿土壤。

由於落葉過於乾燥，所以要用澆水壺來澆水，使其變得稍微潮濕。

裝完後，就用腳踩。

進行翻堆工作時，要移動第一層木框，透過草叉從上方移動。疊上第二層後，放入落葉。第三層的做法也一樣。

Basis 11

植物的管理

要怎樣才能妥善地管理植物呢？另外，也要介紹很重要的澆水方法，以及雜草的應對方法。

管理訣竅與澆水

妥善管理植物的訣竅之一，將已開過花的枯萎花朵、枯葉、腐葉去除。光是這樣做，就能讓植物變得生氣蓬勃。

澆水也很重要，一開始要澆少許的水，打造出一條能讓水滲進地面的通道之後，再澆灌充分的水。當夏季的日照很強時，每天都必須澆花盆與花圃的花。在樹木方面，如果旱天持續太多天的話，就要澆灌充分的水，經過幾天後，再觀察情況即可。

[摘除枯萎花朵]

沿著莖找到分支處，使用剪刀前端，將其剪掉。

枯萎花朵如果置之不理的話，就會因雨水或澆灌的水而腐爛。

[澆水]

等到水位恢復正常後，就立刻澆水。這次要花許多時間來澆灌充分的水。

開始的澆水目的為，打造水的通道。

如何妥善地對待雜草

想要打造出好看的庭院，對待雜草的方式也很重要。在初春，要撒下苜蓿的種子，栽種百里香等能夠覆蓋地面的植物，並將其當地被植物，雜草就不易長出。

另外，在無論如何都不希望雜草長出的地方，可以鋪設石板路或其他鋪路材料。如果每天都會走過同樣地方的話，該處的地面就會變硬，使雜草不易長出。

在雜草長得很茂盛的地方，要從接地處將雜草剪除。在開始遭到雜草侵襲的場所，也要拔除雜草。當面積很廣大時，可以使用割草機，將所有雜草都割到只剩5公分高。如果割得太短的話，雜草會反抗，在短時間內長高。如果是5公分的話，雜草要花很久時間才會長高。

[雜草的管理]

石板路

鋪設堅硬的沙子或石板路等，減少泥土地的面積。

剪除

如果場所很狹小，可以使用籬笆剪，將雜草剪到只剩 5 ㎝高。

將雜草剪齊

雜草一旦長高，會令人覺得雜亂，所以要將雜草剪得又短又齊。

透過地被植物來覆蓋地面

透過苜蓿、百里香等植物來覆蓋地面。

Basis 12

病蟲害對策

將有助於減少病蟲害的對策、使用身邊的東西來製作自然農藥的方法、噴灑農藥的方法，等知識傳授給大家。

發現植物遭昆蟲侵襲，就使用有機驅蟲劑。

為了減少病蟲害，首先要做的就是，透過修剪來改善日照與通風。只要透過昆蟲的觀點思考，就能得知，昆蟲會躲在不容易被天敵發現的植物茂盛處產卵。另外，化學肥料當然不用說，即使是有機肥料，也不能過度使用。植物的養分一旦過多，就容易遭到昆蟲吸取汁液，而且會容易出現蚜蟲與介殼蟲。另外，在傍晚時澆水，也容易引來蛞蝓與甘藍夜蛾。

如果每年都發現同一種植物遭到同樣昆蟲侵襲的話，請試著使用有機驅蟲劑（製作方法在P.142）。這種驅蟲劑是用大蒜、辣椒、生長在庭院內的魚腥草、木醋液等製成，所以可以安心且安全地使用。不過，由於目的為驅蟲，所以不具備與化學農藥相同的殺蟲效果。另外，比起高濃度的驅蟲劑，勤奮噴灑稀釋一千倍的驅蟲劑，效果會比較好。如果還是沒效的話，可以試著提高稀釋濃度。但光靠有機驅蟲劑並無法解決一切問題，我們必須搭配修剪方法、土壤狀態等多重的對策，才能發揮有機驅蟲劑的效果。

[主要病蟲害]

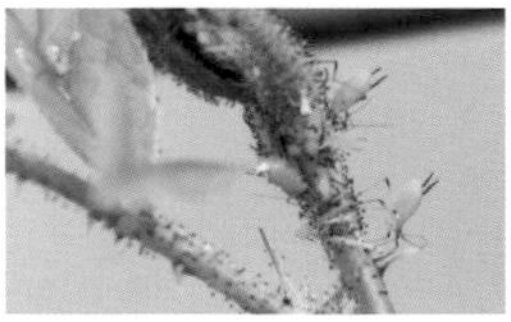

蚜蟲

出生後 5 ～ 10 日就會持續產卵，進行世代交替。過度使用肥料，就容易出現。喜愛嫩芽。

白粉病

原因為遭到某種黴菌的寄生，植物看起來像是被撒上白粉。植物會因無法進行光合作用而變得衰弱。

縮葉病

嫩葉會不規則地持續縮小。是絲狀真菌（黴菌）的寄生所引起的。

親手製作自然農藥

當病蟲害令人很困擾時，可以試著親手製作自然農藥（製作方法在P.143）。

雖然無法長期保存，但相對地也沒有添加防腐劑等化學添加物，讓人很放心。據說只要製作材料盡量採用無農藥產品，效果就會相差10倍。不過，希望大家先記住，自然農藥的作用在於驅蟲，與化學農藥不同，不具備消滅昆蟲的效果。

噴灑農藥時，由於氣味很強烈，所以建議選在，鄰居已將洗過的衣物收進室內的傍晚來噴灑。在服裝方面，不用特別在意，不過由於辣椒等物一旦接觸眼睛，就會讓人感到刺痛，所以要是擔心的話，就戴上護目鏡吧！

比起只噴灑一次高濃度農藥，辛勤地噴灑稀釋過的農藥，會比較有效。盡量選擇噴灑之後的3～4天都不會下雨的晴朗日子來噴灑。

在噴灑自然農藥時，親自進行各種嘗試是很重要的。雖然常有人向我們請教秘訣，但噴灑頻率等，也會隨著庭院的條件而產生差異。

將有機驅蟲劑稀釋約一千倍後，試著噴灑約3次，若還是沒效，就改稀釋八百倍，再次試噴3次。若還是不行的話，就稀釋六百倍，並試著噴灑3次……只要像這樣地逐漸提昇濃度即可。但在對樹木噴灑農藥時，六百倍左右就是極限了。如果濃度再高的話，樹木本身都可能會枯萎，所以要多加留意。自然農藥的使用期限為2至3年，請在期限內用完。

噴灑時的重點

- 如果透過氣象預報得知，接下來連續三天都是晴天的話，就可以在傍晚噴灑。
- 先跟附近的住家說一聲，請對方將洗好的衣物收進屋內。
- 比起噴灑一次高濃度農藥，噴灑多次低濃度農藥會比較有效果。
- 使用過的噴霧器，充分清洗乾淨。

若是小型花草，可以使用噴霧瓶；若是樹木的話，則建議採用噴霧器。在住家的庭院內，使用電動噴霧器會很方便。

[有機驅蟲劑的製作方法]

〔材料〕木醋液 … 200mℓ、大蒜 … 10g、
辣椒… 10g、魚腥草 … 30g

除去辣椒的蒂頭與辣椒籽，適當地切細。

將魚腥草切成 5 ㎜寬。若魚腥草上有長花，也一樣切細，一起放入。莖部切細後，也可以使用。

剝去大蒜的皮後，將其切片，要讓刀子和纖維成直角。

將所有切好的材料放入容器中，倒進木醋液，放置約 2 週後就能使用。不過，最好於瓶中靜置 3 個月再使用。

使用時，只取出液體。用 600 ～ 1000 倍的水來稀釋後，就可以噴灑。

[其他自然農藥的使用方法]

咖啡

可用來預防、驅除壁蝨和蚜蟲。不用稀釋，直接噴灑。也可使用即溶咖啡，罐裝咖啡則不適合。要在當天用完。

草木灰

枝葉與雜草的灰是用低溫慢慢燒成的。稍微撒在葉子上，可以預防蟲害。

用魚腥草覆蓋

從接地處剪下葉子後，將葉子擺放其他植物周圍，就能預防蟲害。葉子一旦枯掉，就會失去效果，所以要使用新鮮的葉子。

醋

用水稀釋 20 ～ 25 倍，塗抹在感染黑煤病的葉子上。或是在噴灑其他自然農藥前使用，讓「益蟲」先逃跑。

海藻萃取物

把鹿尾菜（羊栖菜）、荒布、海蘿等放進水裡煮，冷卻後，只要將這些海藻水撒在樹木根部的周圍，螞蟻就不會靠近。要在當天用完。

問荊噴劑

將 2 ℓ 的水煮開，放入乾燥的問荊 10g，煮約 20 分鐘。用 10 倍的水稀釋後，就能噴灑。用來對付白粉病與黑斑病。製作太多時，可放在冰箱內保存，並在一週內使用完畢。

Basis 13

雨水的運用

雨水的運用方式並非只有澆水。試著「除此之外的雨水運用方式」，以及「雨水桶的使用便利性」吧！

利用雨水桶 妥善利用雨水

在雨水的運用方式中，可以用來澆水當然不用說，也能為睡蓮缸補充水，及能用來清洗帶土蔬菜與庭院用具等。另外，只要設置中水利用系統，雨水也能成為廁所用水等。如果有裝設簡易型淨水器的話，雨水也能成為緊急飲用水。

最常見的雨水利用方式，就是庭院的澆水工作。雖然也可以使用大水桶、甕、水缸等來接雨水，但那樣做的話，很容易孳生蚊子。因此我們建議大家利用雨水桶。只要裝上水龍頭，用起來就會很方便。如果設置兩個水龍頭，其中一個為塑膠軟管專用的話，會變得更加方便。

想要更善用雨水桶的話，就要盡量將雨水桶設置在較高的地方。如此一來，就能利用自然水壓，將水管延伸到稍微遠一點的地方，並設置水栓。

市面上有在販售各種雨水桶，材質包含了利用鐵桶製成的產品、樹脂製、不鏽鋼製等。如果容量太小的話，水一下子就會不夠，所以建議使用容量150公升以上的雨水桶，會比較方便。

另外，大規模的雨水利用方法則是，將雨水儲存在地下儲水槽，並透過幫浦，將水供應給庭院的水管。

從雨水桶旁拉出塑膠軟管灑水。

[雨水桶的構造]

只要將雨水桶裝設在較高的位置，就會產生水壓。也能接上塑膠軟管來使用。

取水裝置。透過此結構，當雨水桶裝滿水後，雨水就不會流進雨水桶，而是流向雨水槽。

設置兩個水龍頭，其中一個為塑膠軟管專用，就會方便許多。

Basis 14

思考庭院的設計

為了打造出方便使用、美麗、令人愉快的庭院，來思考庭院的設計。像是動線、供水設施、花圃的規劃等。

採用能讓人感受到空氣流動的設計

在庭院的設計中，動線是很重要的。透過平面圖進行觀察時，要去思考如何設計才能打造出，既方便使用，又能讓人感受到空氣流動的庭院，而且要避免動線交錯、相撞。在經過巧妙設計的庭院，只要一走進去，就能感受到一股很舒適的自然氣息。

因此重點在於，要巧妙地將通道、用水處、籬笆、花圃、收納空間等組合在一起。如此一來就能打造出既方便又美觀，且令人感到愉快的庭院。

[設計的重點]

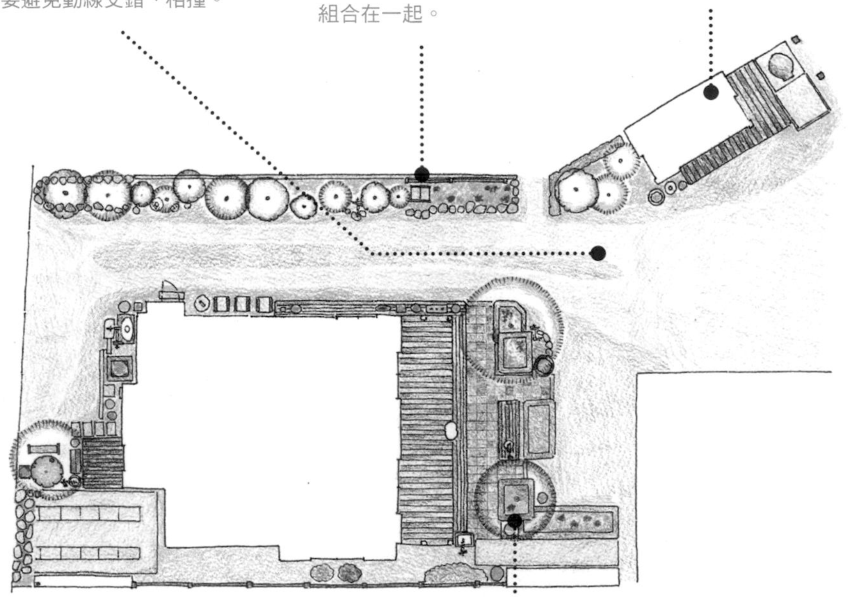
要考慮到結構物的功能性與使用便利性。
透過巧妙的設計，就能打造出既美觀又令人愉快的庭院。
透過結構物與器具，來讓庭院呈現出多樣性與縱深感。

[動線 · 通道]

通道

在住家周圍大範圍地鋪設平板磚，打造出帶有自然氛圍的小徑，也會令人很開心。

動線

在設置通道時，如果有考慮到動線的話，即使有長出一些雜草，也不會令人感到雜亂。

[自來水管 · 柱狀水龍頭]

柱狀水龍頭

水龍頭盡量選擇沒有裝飾品造型，這樣才不容易看膩。在照片中，設置了用來代替水槽的花盆，花盆內鋪上了砂礫。

自來水管

在庭院正中央設置不銹鋼管，並安裝兩個水龍頭，其中一個為塑膠軟管專用。在照片中，塑膠軟管的長度剛好整個庭院都澆得到水。

透過花盆來讓人轉移視線

在籬笆的正中央設置開口，並擺放了花盆。藉此，就能讓人的視線從玄關轉移到花盆。

纏繞著茉莉花的籬笆

為了遮蔽原本就有的鋼製儲物間而製作的籬笆。茉莉花盤繞在籬笆上。

將籬笆分成 3 層

如果圍上一整面籬笆的話，庭院就會顯得單調，所以在設置籬笆時，要將其分成 3 層，並錯開來。

竹籬笆風格的圍欄

為了確實地遮蔽農家庭院的室外廁所，所以設置了竹籬笆風格的圍欄。

[收納空間]

將雨水桶設在較高的位置

為了收納空調室外機，或是增強雨水桶的水壓，所以將雨水桶裝設在空調室外機的上方。

用來取代籬笆的收納櫃

在與鄰居之間的交界處設置深度 60 公分的收納櫃，就能取代籬笆。可以用來收納花盆、赤玉土等，擺放在庭院內會顯得雜亂的物品。

玄關旁邊

玄關旁邊的收納櫃內也放了竹掃把與割草機。為了安全起見，瓦斯熱水器要裝設在空氣流通的場所。

利用閒置的小空間

利用玄關旁邊與車棚之間的小空間，來打造出收納櫃。

[路徑]

將籬笆錯開

在設置籬笆時，要將籬笆錯開，使籬笆之間形成可以通過的路徑。

斜坡與樓梯二合一

合併使用斜坡與樓梯，打造出能夠平緩地往上走的通道。

[籬笆]

遮蔽視線的籬笆

只在視線的高度設置籬笆，下側部分可以改善通風。

四目籬（方格籬）

四目籬能夠將建地分區，並確保通風。

現代風格竹籬笆

使用木柵欄專用的木框，製成的現代風格竹籬笆。

[花圃]

架高花圃
只要設置架高花圃，整理花圃時就不用蹲下來，也可以坐在木製邊框上。

連接道路與通道
只要打造出連接道路與通道的花圃，訪客的心情也會變得平靜。

螺旋花圃
在螺旋花圃內，只要從中央澆水，水就會很有效率地往下滲透。

利用小空間
即使只有小小的空間，只要將其打造成花圃，就會顯得朝氣蓬勃。

Basis 15

用來裝飾庭院的便利物件

設置木製露臺、籬笆、供水設施、花圃等結構物，讓前往庭院變成一件開心的事吧！

透過各種結構物，打造更棒的庭院空間。

想要方便進出庭院的話，最好的方法，就是設置木製露臺或簷廊等。也許有人會認為，只要設置結構物，庭院就會變得狹小；但也有許多人認為，反而能為庭院增添變化，呈現縱深感，讓人覺得寬敞。另外，雜草的生長面積也會相對地減少。在設置木製露臺時，除非有特殊理由，否則不要裝設欄杆，因為我們希望大家不要將空間區隔開來。

縱向的結構物包含了格子狀花架、藤架。籬笆等也可以說是縱向的結構物。在日本的庭院內，以鋁製籬笆為主流；在歐美，則以木籬笆為主流，雖然每個家庭所採用的設計不同，但大概因為材質很有一致性，所以住宅區的街景看起來既美觀又整齊。在有機花園內，這些木製結構物也必須採用沒有化學防腐劑與塗料的產品。

在供水設施，我們經常可以看到「在庭院角落裝設附有蓋子的灑水器」這種設計。灑水器如果沒有裝上塑膠軟管，就無法使用，連手也不能洗。如果下定決心在庭院中央裝設供水設施，並裝上長度達到庭院半徑的塑膠軟管，就不需使用轉軸式水管捲。而且，供水設施會成為庭院的聚焦點。

雖然架高花圃原本是為了身障者而設計出來的，不過對於身障者來說很方便也表示，對於所有人來說都很方便。再加上，如果高度有70公分的話，在家中也能看到花圃，可以為空間增添柔和氣氛。

只要設置木製露臺，出入庭院就會很方便。如果有擺放餐桌的話，也能在此用餐、看書，享受更多樂趣。

[架高花圃]

設置供水設施

只要在架高花圃內設置供水設施，就能方便地澆水。

讓高度達到 70 cm

只要讓高度達到 70 cm，就能站著照顧植物。由於視線變得很靠近植物，所以也更容易發現病蟲害。

種植草坪

只要在架高花圃內種植草坪，就能輕易地享受到草坪的樂趣。而且因為只有 0.5 坪大，所以除草與割草工作一下就能完成。

[露臺 · 大陽台的享受方式]

讓人方便進出庭院的露臺

透過用來連接住家與庭院的木製露臺，進出庭院就會很方便。

有屋頂的木製露臺

在有屋頂的木製露臺內，即使是雨天，也能在露臺上為採收好的作物進行分類。如果有擺放餐桌和椅子的話，還能在這裡喝茶。

木製露臺與長椅的組合

把木製露臺與長椅組合起來，並將空調室外機擺放在長椅下方。

簷廊與曬衣架的組合

只要將簷廊與曬衣架組合起來，就能在這個室內的延伸區域曬衣服。

[供水設施的使用方式]

兼作長椅與工作台

將既是長椅，也是工作台的供水設施裝設在庭院中央。

與餐桌組合在一起

將供水設施與水槽嵌進餐桌內。在用餐時，也能迅速清洗弄髒的指尖。

不鏽鋼製的水槽

裝設不鏽鋼製的大水槽，讓人可以在此清洗器具與採到的蔬果。

裝設在方便使用的地方

在使用方便的地方裝設水栓，並裝上塑膠軟管專用的閥門。用來當作水槽的是，鋪滿了砂礫的花盆。

花園用語集

一劃

一年生植物

會在一年內發芽、長大、開花、結果，然後枯萎的花草。即使在原產地的氣候下，如果多年生植物因為種植地區較炎熱，或寒冷而在一年內枯萎的話，還是會被視為一年生植物。

二劃

二年生植物

種子發芽後，會在一年以上、兩年內開花、結果，然後枯萎的植物。在發芽的第一年，會讓莖、葉、根等處生長，並直接休眠度過冬天，然後在第二年開花，留下種子後，便枯萎。不過，當氣候條件很嚴苛時，即使原本是二年生植物，生長週期有時也會縮短，變得像一年生植物。

三劃

山野草

自然生長在野地的草、花草、灌木。在園藝中，特指那些具有高度觀賞價值的植物。並不單指野生植物，也包含了那些經過培育，而增加數量的植物。

四劃

中庭（小庭院）

在建築物與建築物之間，或是建築物與圍牆之間的狹小空間內所打造的小庭院。

分株

從根部將多年生植物等，會逐漸長大的植物切開，以增加株數的方法。

化感作用

也叫做他感作用。指的是，某種植物分泌的化學物質，會對其他植物或微生物產生某些影響的現象。我們可以透過這種作用來抑制其他植物的生長。

木製露臺

用來連接室內房間與庭院的中間區域。只要設置在客廳前方，就能當成客廳的延伸空間來使用。大陽台與水泥地等處也會成為中間區域。

水缸

洗手缽、睡蓮缸等能夠裝水的容器。也會成為鳥類、昆蟲的飲水處，只要事先放入青鱂，就能預防孑孓孳生。

五劃

主庭院

與客廳或飯廳相連的庭院空間。大多會設置在日照良好的南側。

半陰處

樹木的樹蔭下等帶有柔和光線的場所。或是在一天當中，只有3～4小時會照射到陽光的場所。

四目籬（方格籬）

是一種竹籬笆。製作方法為，將圓木立起來，保持相同間隔，然後把縱向與橫向的剛竹排進圓木之間，最後用棕櫚繩綁起來。被用來劃分區域，或是當作庭園的邊界。

四季開花植物

指的是植物的開花特性。在具有季節變化的地區，沒有固定的開花期，只要氣溫、日照等條件齊全，就會多次開花。在春季與秋季開花的植物叫兩季開花植物。

生態系統

在此系統中，生物們為了生存，而進行的各種行為，並且會互相影響，並維持自然界的平衡。

包裝土球

在移栽樹苗等時，將樹木根部挖起來後，為了避免帶有泥土的根部的形狀遭到破壞，所以會用草繩、秸稈、布等將根部連同泥土（土球）一起包起來。

六劃

地被植物

這種植物高度低、生長範圍廣，會將地面覆蓋。一般來說，大多為多年生植物、灌木、攀緣植物等。人們會利用生長能力強而且很好照顧的植物來當作地被植物。

好氧菌

在有氧氣的地方，生長的微生物。

有機肥料

透過雞糞、牛糞、油渣、落葉、廚餘等原料所製成的肥料。由於施肥後，還要透過土壤中的微生物來將肥料分解成無機物後，才能讓植物吸收，所以直到效果出現為止，需花費較多時間，但效果能夠維持很久。

自花授粉

指植物透過本身的花粉來受精，然後結出果實。

自然樹形

在沒有經過修剪的自然生長下，各樹種都會擁有各自的自然樹形。

七劃

里山

位於村落附近的山林或田地。會由農家等來經營管理與利用。

八劃

固根植物

在移栽後的樹木等植物的根部，會種「固根植物」這類，能讓周圍的土壤和根部變得更緊實。

定植
將原本在小花盆或苗床內，播種後而長出的苗，移植到花圃、容器等用來讓人觀賞的場所。

岩石花園
在有許多岩石與石頭的地方栽種植物的庭院。

放線菌
性質介於細菌與黴菌之間的菌類。大致上會棲息在土壤中，對植物的分解很有貢獻。

林下植物
種植在樹木或草高較高的植物根部的花草。當某種植物的葉子長得又大又茂盛，並會提供陰影時，此植物的林下植物適合採用耐陰性強的花草。

直接播種
直接將種子撒在庭院、花圃等用來觀賞的場所。適合用於不適合移植的植物等。

雨水桶
用來儲存雨水的桶狀容器。可用來灑水、清洗沾土的庭院用具、或採收好的蔬菜等。另外，如果設備很完善的話，也能當成廁所用水與緊急飲用水來使用。能夠直接感受到大自然的循環與恩惠。

九劃

匍匐莖
這種莖從母株中長出後，會以匍匐的方式延伸，然後在與地面接觸的部分中製造出子株，並長出根來。

架高花圃
高度設置得較高的花圃，能讓身障者與高齡者坐著或站著照顧花草。對任何人來說，用起來都很方便，日照與通風作用也變得很好。

耐陰性
一種植物特性。具備耐陰性的植物，能夠適應日照不佳的陰涼處等地，並長得很好。在樹木下、建築物的陰影下等半陰涼與陰涼處，要種植耐陰性強的植物。

重瓣
指一種開花方式。開花時，好幾片花瓣會重疊在一起。在重瓣中，位於內側的花瓣是由雄蕊或雌蕊變化而成。

香草植物
指具有獨特香味或風味的藥草、香草。在歐洲，自古以來被用於醫療、美容、料理。種類豐富，包含了洋甘菊、藥用鼠尾草、薰衣草、薄荷、百里香、義大利香芹等。

十劃

修枝
從樹枝中間將樹枝剪短。如果中間長出了樹芽，就從樹芽的正上方剪斷。

修剪
為了限制植物的尺寸，或是改善植株的通風與日照，所以要剪去，不需要的樹枝與莖。在庭院內，修剪的目的包含了「調整植物的形狀、使植物能健康地生長」等。

借景
日式庭園的一種表現形式。將位於庭園外的山、樹木、竹林、湖泊等遠處景色當成庭園的組成要素來使用。

容器
在園藝中，泛指用來栽種植物的容器。

弱剪
在修剪時，只會將樹枝前端稍微剪短。

徒長枝
從植株的根部附近或老枝中長出，而且生長氣勢很強的新枝。

根莖
位於地下的莖。

根部腐爛
當根部周圍的通風作用，因為過度澆水，或種植用土堵塞等原因而變差時，根部就會因無法充分呼吸而腐爛。當根的一部分發生腐爛情況時，只要將該部分切除，並改善土壤的通風作用，根部就會康復。如果根部出現大範圍腐爛，植物就會枯死。

根球
取出小花盆中的苗，或是挖出被種在土中的植物時，根部與附著在根部周圍的整塊土壤，就叫做根球。

根瘤菌
這種細菌能與豆科植物共生，並會使植物根部長出許多名為「根瘤」，且直徑為1～數公厘的瘤。具將空氣中的氮固定在土壤中的作用。

格子狀花架
格子狀的籬笆。可以讓攀緣植物纏繞在上面。

格子柵欄
藉由將材料編組成斜向格子狀來提升強度的格子柵欄。可用來當作，讓植物纏繞的籬笆、庭院最外側的柵欄、劃分區域用的柵欄。

針葉樹
指的是，葉色與樹形具有高度觀賞價值的針葉樹。以杉木、紅檜、羅漢柏等為主，包含了許多園藝品種。

十一劃

堆肥
讓落葉、廚餘、枯草、秸稈等發酵、腐熟後所製成的有機肥料。也可以加入家畜的糞尿。被用來當成土壤改良劑與肥料。

堆肥箱
透過廚餘等物來製作堆肥的容器。可以分成，透過好氧菌來進行分解的堆肥箱，以及透過厭氧菌來進行分解的堆肥箱。

宿根植物
在多年生植物當中，這種植物到了不適合生長的季節，其地上部分會枯萎，根部或是根與芽則會進行休眠，之後再重新生長。

常綠樹
這種樹的葉子壽命在一年以上，葉子不會一次掉光，且會輪流長出新葉，所以一整年葉子都很茂盛。常綠樹的葉子特徵為，又厚又硬，呈深綠色，表面帶有光澤。

異花授粉
當花粉到其他個體或其他株花朵的雌蕊上時，才會受精。

疏苗
隨著成長情況來將混雜在一起的植株、枝、花蕾等拔除。這樣做能夠改善日照與通風，使植物不易罹患疾病。

通道
從建地的入口通往玄關的道路。透過主要的動線來構成庭院的主要結構。

連鎖磚
用來鋪設道路等的地磚。

十二劃

割草機
用來除雜草或灌木的機器。

斑紋
葉子或組織的一部分，因為失去葉綠素，而變成白色或黃色等顏色的狀態。人們自古以來就很重視斑紋植物，並栽培出了許多品種。

氮
植物在讓莖葉生長時所需的肥料三要素之一。豆科植物會透過根部的根瘤菌的作用來固定氮，將其當作養分。

象徵樹
庭院中最具代表性的樹木，能夠用來襯托庭院或房屋。一般來說，會選擇喬木或小喬木。

十三劃

園藝品種
為了園藝與農業的目的，透過人工挑選原種與雜交育種等方法來培育出新的品種。

落葉樹
一到了低溫、乾燥等不適合生長的季節，這種樹就會讓葉子同時掉光，然後休眠狀態。大部分都是闊葉樹。

葉燒病
喜愛半陰處的植物，以及葉子上帶有斑點花紋的植物，一旦直接照射到強烈日光，葉子就會變色，這種症狀就叫做葉燒病。如果將原本在室內培育的植物，突然放置在室外的直射陽光下，也可能會引發葉燒病。

十四劃

厭氧菌
在沒有氧氣的地方生長的微生物。

摘除枯花
花朵綻放過後就會枯萎，摘除這些枯萎的花的工作就叫做摘除枯花。如果對枯萎的花置之不理的話，不僅不美觀，也可能會引發疾病。另外，當植物結出果實後，摘除枯花也有助於避免植株變得衰弱。

種植區
在某個區域栽種植物。在有機花園內，會藉由栽種多種植物來讓各種生物在庭院內共存，呈現出多樣性。

聚焦點
設置在庭院內，用來吸引目光的植物或結構物等。只要在已進入視線的一個區域內，設置一個聚焦點，就能使整個庭院看起來很醒目。如果設置多個聚焦點的話，聚焦點就可能會互搶鋒頭，使氣氛變得不協調。在庭院內，要將聚焦點設置在每次變換視線時都會出現的位置。

腐朽菌
會使木材等物腐朽的菌類。

腐植土
透過土壤中的細菌，讓落葉、枯葉等物發酵、腐熟後所形成的物質。

腐植質
動植物或微生物的遺體被分解後，所變化而成的土壤成分。對於植物的生長來說，腐植質具備很重要的作用。在土壤中，腐植質愈多，土地生產力就愈高。

酸度
在弱酸性（pH5.5～6.5）的土壤中，植物大多能長得很好。在多雨的地方，土壤中的石灰成分會流失，導致土壤容易形成酸性。因此，在栽種植物前，有時會在栽種處撒上草木灰等，讓土壤酸度變得適合植物生長。這項工作叫做酸度調整。

十六劃

遮蔽物（籬笆、柵欄）
在庭院內，為了將不想被人看到的部分隱藏起來，所以會種植樹木，或是設置結構物。這些都叫做遮蔽物。

十六劃

擋土牆
在花園內，為了防止土壤從斜坡中流失，而設置的結構物，或是種植的植物。人們常會利用生長能力旺盛的地被植物來當作擋土牆。

整形
將植物的枝、莖固定在籬笆、棚架、格子狀花架等處上，藉此來塑造樹形。

整形觀賞樹木

讓植物在修剪過的外框上攀爬，以人工方式塑造出，很立體的幾何圖形或動物等造型。據說，其起源可以追溯到古羅馬時代。

樹枝修剪

將重疊的樹枝與不需要的樹枝剪掉，以減少樹枝數量的修剪方法。也叫疏枝修剪。

樹冠

在樹木的地上部位中，長得很茂盛的部分，像是莖、葉、花等。

樹蔭

能夠透過綠葉來遮蔽陽光，使陽光變得和煦的陰涼處。可用來避暑。

十七劃

總苞片

會環抱住一整朵花或是花序的特化小葉叫做「苞」。許多個苞聚集起來後，就叫做總苞。用來組成總苞的各個苞則叫做總苞片。

十八劃

覆土

在種植草坪時，會在草坪上撒上很細的土。這項工作就叫做覆土。或者是，將該土壤本身稱作覆土。

覆蓋

透過某種材料來覆蓋土壤表面。能夠防止水分從土壤中蒸散、地溫突然上昇。透過地被植物來覆蓋地面也叫做覆蓋。

雜木

與「經由人工管理的杉木、紅檜等被當成建築材料的樹木」相反，人們將原本就在山裡自然生長的闊葉樹稱為雜木。過去，人們將雜木製作成木柴、木炭、用來栽培香菇的段木等。在園藝中，指的是楓樹、野茉莉、錐栗木、鵝耳櫪、枹櫟等。

雜草

並非是為了栽培目的而種植的植物，而是偶然長出來的草。由於棲息在經過人工開發的半自然環境內，所以也被稱作荒廢地植物。可以透過該處所生長的雜草來得知土壤的狀態。另外，藉由積極地利用雜草，也能打造出很自然的庭院。

十九劃

藤架

能夠讓攀緣植物在上面纏繞的西式棚架。也會被用來當作庭院的聚焦點。

二十一劃

灌木

這種樹木透過一個殘株就能讓草木叢生。高度比2～3公尺低，會從根部長出好幾條很細的莖。

PROFILE

曳地花園服務

由夫妻倆共同經營的個人庭院服務。提倡・實踐「如何管理不使用農藥與化學肥料的庭院、透過安全的素材來提升使用便利性、整修出盡量不對環境造成負擔的庭院」這些基於自然環境考量的庭院建造與維護知識。而且，也在地方上倡導「活用自然素材來打造出既安全又便利的庭院」、「採用無障礙設計的庭院」、「打造出運用了大自然恩惠的循環型庭院」等活動。在2005年創立NPO法人日本有機花園協會（JOGA：http://www.joga.jp/），並擔任代表理事與理事。

主要著作為《關於有機花園的建議》（創森社）、《有機花園入門書》、《打造無農藥庭院》、《與昆蟲一起打造庭院》、《與雜草一起愉快地打造庭院》、《透過二十四節氣來感受園藝的樂趣》（以上為築地書館出版）。

http://hikichigarden.com/

TITLE

打造有機自然生態庭園

STAFF

出版　瑞昇文化事業股份有限公司
作者　曳地トシ 曳地義治
譯者　李明穎
監譯　大放譯彩翻譯社

總編輯　郭湘齡
責任編輯　黃美玉
文字編輯　蔣詩綺　徐承義
美術編輯　孫慧琪
排版　謝彥如
製版　印研科技有限公司
印刷　桂林彩色印刷股份有限公司

法律顧問　經兆國際法律事務所　黃沛聲律師

戶名　瑞昇文化事業股份有限公司
劃撥帳號　19598343
地址　新北市中和區景平路464巷2弄1-4號
電話　(02)2945-3191
傳真　(02)2945-3190
網址　www.rising-books.com.tw
Mail　deepblue@rising-books.com.tw

初版日期　2018年2月
定價　420元

國家圖書館出版品預行編目資料

打造有機自然生態庭園 / 曳地トシ, 曳地義治作 ; 李明穎譯. -- 初版. -- 新北市 : 瑞昇文化, 2018.02
160　面 ; 18.2 x 23.5　公分
ISBN 978-986-401-221-3(平裝)

1.庭園設計 2.造園設計

435.72　107000611

HAJIMETE NO TEDUKURI ORGANIC·GARDEN

Cover & Interior design by Yurie Ishida(ME&MIRACO)
Photographs by Tsutomu Tanaka
Originally published in Japan in 2016 by PHP Institute, Inc.
Traditional Chinese translation rights arranged with PHP Institute, Inc.
through CREEK&RIVER CO., LTD.